AF551412

EUL
VERLAG

EINZELSCHRIFTEN

Patrick Siegfried
Trendentwicklung und strategische Ausrichtung von KMUs
Lohmar – Köln 2015 ♦ 88 S. ♦ € 37,- (D) ♦ ISBN 978-3-8441-0395-3

Patrick Siegfried
Das strategische Controlling in der Anwendung für KMUs
Lohmar – Köln 2015 ♦ 96 S. ♦ € 38,- (D) ♦ ISBN 978-3-8441-0396-0

Thomas Schiffer
Untersuchung der Segmentberichterstattung nach IFRS 8 von deutschen Unternehmen und Überarbeitungsnotwendigkeiten aus Investorsicht
Lohmar – Köln 2015 ♦ 260 S. ♦ € 57,- (D) ♦ ISBN 978-3-8441-0399-1

Niclas Rüffer
The Allocation of Innovation Promotion Programs – An Empirical Analysis
Lohmar – Köln 2015 ♦ 316 S. ♦ € 62,- (D) ♦ ISBN 978-3-8441-0405-9

Heidi Hoffmann
Krisenmanagement in Wirtschaftsunternehmen – Eine empirische Untersuchung zur Übertragbarkeit der Erkenntnisse der High-Reliability-Forschung
Lohmar – Köln 2015 ♦ 188 S. ♦ € 48,- (D) ♦ ISBN 978-3-8441-0408-0

David Thomas
Gestaltung effizienter BI-Prozesse in informationsintensiven Dienstleistungsunternehmen – Ein informationslogistischer Ansatz zur Auswahl einer effizienten Prozessvariante
Lohmar – Köln 2015 ♦ 468 S. ♦ € 69,- (D) ♦ ISBN 978-3-8441-0410-3

Christoph Siepermann
Logistikkostenrechnung auf Basis von Prozeßteilkosten – Konzeption und Fallbeispiel
2., vollständig überarbeitete und erweiterte Auflage
Lohmar – Köln 2015 ♦ 92 S. ♦ € 38,- (D) ♦ ISBN 978-3-8441-0412-7

Prof. Dr. Christoph Siepermann

Logistikkostenrechnung auf Basis von Prozeßteilkosten

Konzeption und Fallbeispiel

2., vollständig überarbeitete und erweiterte Auflage

Bibliografische Information der Deutschen Nationalbibliothek

Die Deutsche Nationalbibliothek verzeichnet diese Publikation in der Deutschen Nationalbibliografie; detaillierte bibliografische Daten sind im Internet über <http://dnb.d-nb.de> abrufbar.

ISBN 978-3-8441-0412-7
2. Auflage August 2015

© JOSEF EUL VERLAG GmbH, Lohmar – Köln, 2015
Alle Rechte vorbehalten

JOSEF EUL VERLAG GmbH
Brandsberg 6
53797 Lohmar
Tel.: 0 22 05 / 90 10 6-6
Fax: 0 22 05 / 90 10 6-88
E-Mail: info@eul-verlag.de
http://www.eul-verlag.de

Bei der Herstellung unserer Bücher möchten wir die Umwelt schonen. Dieses Buch ist daher auf säurefreiem, 100% chlorfrei gebleichtem, alterungsbeständigem Papier nach DIN 6738 gedruckt.

Inhaltsverzeichnis

Abbildungsverzeichnis

Tabellenverzeichnis

Downloadhinweis

Die Tabellen stehen als PDF-Datei wie auch als Excel-Arbeitsmappe (inkl. aller Verknüpfungen) unter folgender Internet-Adresse zum Download bereit:

www.eul-verlag.de/pdf-wz/9783844104127.zip

1 Problemstellung

Der durchschnittliche Logistikkostenanteil eines Industrieunternehmens beträgt empirischen Untersuchungen zufolge rund 5-10% am Umsatz.[1] Folglich bilden die Logistikkosten einen nicht unbedeutenden Bestandteil der Produktkosten.[2] Gleichzeitig kommt den logistischen Leistungen eine hohe Bedeutung zur Differenzierung im Wettbewerb zu.[3] Unter diesen Bedingungen sind eine aussagefähige Kalkulation der Kosten logistischer Leistungen und eine verursachungsgerechte Verrechnung von Logistikkosten auf die Kostenträger essentielle Voraussetzungen für die Kalkulation wettbewerbsfähiger Absatzpreise, die Entscheidung über die Annahme oder Ablehnung eines Auftrags oder Make-or-buy-Entscheidungen logistischer Leistungen. Die Grenzplankostenrechnung ist aufgrund ihrer primären Ausrichtung auf den Produktionsbereich im allgemeinen nicht in der Lage, befriedigende Antworten auf diese Fragen zu liefern. Ein Hauptgrund für dieses Defizit liegt in der unzureichenden Analyse der Einflußgrößen auf die Entstehung von Logistik(gemein)kosten und der Diskrepanz zwischen diesen und den bei der Kalkulation von Logistikkosten herangezogenen Bezugsgrößen (vgl. Abbildung 1).[4]

Abbildung 1: Diskrepanz zwischen Bestimmungsfaktoren von Logistikgemeinkosten und den zur Kalkulation herangezogenen Bezugsgrößen in der Grenzplankostenrechnung

Logistikkosten	Abhängig von ...	Verrechnung über ...
Beschaffungslogistikgemeinkosten	Anzahl Teile, Standard-/Spezialteile	Materialeinzelkosten
Produktionslogistikgemeinkosten	Komplexität des Fertigungsprozesses (Anzahl Fertigungsstufen)	Fertigungslöhne, Maschinenstunden
Distributionslogistikgemeinkosten	Produktabmessungen, Lager- und Transporteigenschaften	Herstellkosten

In Anbetracht der für die Logistik von Industrieunternehmen typischen Kostenstrukturen (überwiegend Fixkosten mit einem hohen Anteil sprungfixer Kosten) besteht ein weiterer Schwachpunkt der

1 Vgl. Pfohl 2010, S. 49 f. und die dort zitierte Literatur
2 Vgl. Krüger 2002, S. 313
3 Vgl. z.B. Wildemann 2004, S. 70
4 Vgl. Weber 2012, S. 261 f.

Grenzplankostenrechnung in der undifferenzierten Behandlung fixer Kosten im Hinblick auf deren Anpassungsmöglichkeiten an veränderte Beschäftigungslagen. Gerade die in der Logistik besonders wichtigen sprungfixen Kosten werden in der Grenzplankostenrechnung nicht der Realität entsprechend abgebildet, indem sie entweder, sofern sie innerhalb des Betrachtungszeitraums beeinflußbar sind, den proportionalen Kosten zugeordnet werden oder, falls dies nicht möglich ist, als (absolut) fix eingestuft werden.[5] Im Produktionsbereich mag der mit der Proportionalisierung sprungfixer Kosten verbundene Fehler angesichts vergleichsweise kleiner Beschäftigungsintervalle vertretbar sein. In den indirekten Leistungsbereichen wie der Logistik werden die Beschäftigungsintervalle, innerhalb derer die Kosten konstant sind, jedoch im allgemeinen größer sein (vgl. Abbildung 2), so daß die mit der Proportionalisierung verbundenen Ungenauigkeiten nicht mehr hinnehmbar sind und die Kosten daher als absolut fix angesehen werden (müssen).

Abbildung 2: Sprungfixe Kosten in Produktion und Logistik

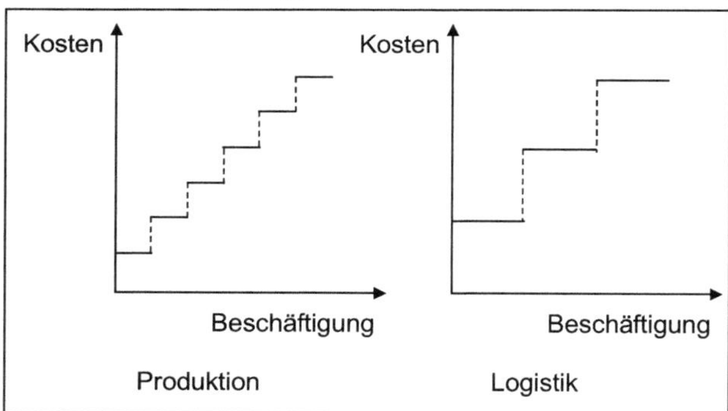

Die Relative Einzelkosten- und Deckungsbeitragsrechnung nach Riebel vermeidet durch den vollständigen Verzicht auf jegliche Kostenschlüsselung zwar die angesprochenen Fehler der Grenzplankostenrechnung bei der Behandlung von Logistikkosten und erlaubt in jedem Fall einen realitätsgerechten Kostenausweis. In Anbetracht der Struktur der Logistikkosten von Industrieunternehmen und der Tat-

5 Vgl. Kilger/Pampel/Vikas 2012, S. 138 ff.

sache, daß die Logistik eine Querschnittsfunktion darstellt, die eine Vielzahl von Unternehmensbereichen bei der Leistungserstellung unterstützt, können diese Kosten zum überwiegenden Teil jedoch nur auf relativ weit von der Kostenträgereinheit entfernten Ebenen in der Bezugsobjekthierarchie ausgewiesen werden, so daß beispielsweise für Aussagen über die Auswirkungen produktpolitischer Entscheidungen auf die Logistikkosten kaum Hilfestellung erwartet werden kann.

Vor diesem Hintergrund hat Weber bereits vor über 20 Jahren einen (im wesentlichen auf einer Verfeinerung der Grenzplankostenrechnung beruhenden) Vorschlag zur besseren Berücksichtigung von Logistikkosten in der Kostenrechnung von Industrieunternehmen unterbreitet und diesen Ansatz als Logistikkosten- und -leistungsrechnung bezeichnet.[6] In der Zwischenzeit haben auf dem Gebiet der Kostenrechnung jedoch zahlreiche andere Entwicklungen stattgefunden, die ebenfalls geeignet erscheinen, die Logistik angemessen in der Kostenrechnung zu berücksichtigen und die zudem Elemente aufweisen, die die Logistikkostenrechnung nach Weber nicht oder nicht in vergleichbarem Umfang enthält. In diesem Zusammenhang ist insbesondere die Prozeßkostenrechnung zu nennen, die mit der Betrachtung kostenstellenübergreifender Prozesse dem Wesen der Logistik als Querschnitts- und Koordinationsfunktion im Leistungssystem von Industrieunternehmen sehr entgegenkommt und daher für die Steuerung der Logistik als besonders geeignet angesehen wird.[7]

Allerdings ist die Prozeßkostenrechnung (sowohl deutscher als auch amerikanischer Prägung) in ihrer Grundform als Vollkostenrechnung konzipiert.[8] Horváth/Mayer schließen zwar in späteren Veröffentlichungen die Kosten einiger Prozesse von der Weiterverrechnung auf die Kostenträger aus,[9] eine Aufspaltung der Kosten in fixe und variable Bestandteile nehmen sie jedoch (weiterhin) nicht vor. Insofern läßt sich der Standardansatz der Prozeßkostenrechnung, so wie Horváth/Mayer in geprägt haben und vertreten, am zutreffendsten als

6 Vgl. Weber 1987
7 Vgl. z.B. Kotzab/Teller 2002, S. 236 f. und die dort zitierte Literatur
8 Vgl. Horváth/Mayer 1989; Cooper/Kaplan 1988
9 Vgl. Horváth/Mayer 1993, S. 18 f. und 25

partielle Vollkostenrechnung charakterisieren.[10] Auch Kaplan/Cooper stellen klar, daß im Activity-Based Costing, dem amerikanischen Vorbild der (deutschen) Prozeßkostenrechnung, nicht alle Kosten, sondern nur die Kosten der tatsächlich genutzten Kapazitäten (= Nutzkosten) auf die Prozesse und Produkte weiterzuverrechnen sind.[11] Darüber hinaus sehen sie sogar die Möglichkeit einer Kennzeichnung der Prozesse bzw. der für deren Durchführung benötigten, kostenverursachenden Ressourcen im Hinblick auf den Grad und ggf. ergänzend den zeitlichen Horizont ihrer Anpassungsfähigkeit an veränderte Prozeßmengen vor,[12] nutzen die aus der ersten Kennzeichnungsmöglichkeit resultierende Unterscheidung von variablen, sprungfixen und absolut fixen Kosten (Kaplan/Cooper sprechen von flexiblen, phasengebundenen und gebunden-fixen Ressourcen[13]) jedoch nur zur prozeßorientierten Kostenplanung und -kontrolle,[14] während die Kalkulation auf Vollkostenbasis, d.h. unter Einbezug sowohl der variablen als auch anteiliger fixer Kosten erfolgt.[15] Das Activity-Based Costing ist somit als flexible Plankostenrechnung auf Vollkostenbasis einzustufen.

Beide Varianten der Prozeßkostenrechnung sind daher nicht in der Lage, für kurzfristige Entscheidungen wie solche über die Annahme oder Ablehnung eines Zusatzauftrags die notwendigen Informationen bereitzustellen. Diesen Mangel versuchen diverse Weiterentwicklungen der Prozeßkostenrechnung zu beheben, indem sie neben der für die Prozeßkostenrechnung typischen Unterscheidung zwischen leistungsmengeninduzierten (lmi) und leistungsmengenneutralen (lmn) Prozessen und deren Kosten eine weitere Aufspaltung der Kosten nach ihrer Beschäftigungsabhängigkeit und/oder ihrer zeitlichen Veränderbarkeit vornehmen. Hier sind insbesondere

- die fixkostenmanagementorientierte Prozeßkostenrechnung von Reichmann/Fröhling,[16]

---

10 Vgl. Kloock 1995, S. 593 f., der diesen Begriff allerdings etwas anders als im hier verwendeten Sinne definiert.

11 Vgl. Kaplan/Cooper 1999, S. 149 ff. und 364 ff.

12 Vgl. Kaplan/Cooper 1999, S. 127 f.

13 Vgl. Kaplan/Cooper 1999, S. 160 ff. und insbesondere S. 382 ff.

14 Vgl. Kaplan/Cooper 1999, S. 359 ff.

15 Vgl. Kaplan/Cooper 1999, S. 214 f.

16 Vgl. Reichmann/Fröhling 1993; Reichmann/Fröhling 1998

- die prozeßorientierte Deckungsbeitragsrechnung von Glaser,[17]
- die von Mayer entwickelte Kapazitätskostenrechnung[18] sowie
- der von Dierkes unterbreitete Vorschlag zur Ausgestaltung einer Prozeßteilkostenrechnung[19]

anzuführen. Im Vergleich zur Grundform der Prozeßkostenrechnung nach Horváth/Mayer haben diese Ansätze in der wissenschaftlichen Diskussion jedoch trotz zum Teil sehr interessanter Ideen bislang nur wenig Beachtung gefunden.

Auf der anderen Seite wurde auch die Grenzplankostenrechnung weiterentwickelt und durch die Integration des Gedankengutes "neuerer" kostenrechnerischer Entwicklungen, insbesondere der Prozeßkostenrechnung, an die Veränderungen des wirtschaftlichen Umfelds der Unternehmen angepaßt, die sich insbesondere in der Verschiebung der Kosten vom direkten zum indirekten Leistungsbereich manifestieren. In diesem Zusammenhang sind insbesondere die Arbeiten der Mitarbeiter der Plaut-Gruppe zu nennen,[20] die von Müller zur sog. prozeßkonformen Grenzplankostenrechnung zusammengeführt wurden.[21]

Die Ansätze von Reichmann/Fröhling, Glaser, Mayer, Dierkes und Müller werden im folgenden detailliert im Hinblick auf ihre Eignung für die industrielle Logistik untersucht. Zu diesem Zweck werden im nächsten Kapitel Anforderungen an eine logistikgerechte Kostenrechnung formuliert, an denen die Ansätze in den darauffolgenden Kapiteln unter Rückgriff auf ein durchgehendes Beispiel gemessen werden.

Darüber hinaus gibt es noch eine Reihe weiterer im Kontext dieser Untersuchung anzuführender kostenrechnerischer Weiterentwicklun-

---

17 Vgl. Glaser 1998

18 Vgl. Mayer 1998; Mayer/Kaufmann 2000

19 Vgl. Dierkes 1998; Dierkes 1999a; Dierkes 1999b; Kloock/Dierkes 1996

20 Vgl. insbesondere Männel/Müller 1995 und die dort nachgedruckten Beiträge von Herzog/Assmann 1993, Beinhauer/Vikas 1993, Raps/Nuppeney 1993, Raps/Reinhardt 1993, Herzog/Jurasek 1993, Vikas/Schmadlak 1993 und Herzog 1993 sowie Herzog 1991 und Sahl 1994; ein kleines Anwendungsbeispiel im Vertriebsbereich findet sich bei Herzog/Zehetner 1999, S. 291 f.

21 Vgl. insbesondere Müller 1996 sowie ergänzend Müller 1993 und Müller 1994

gen, die jedoch aus verschiedenen, im folgenden kurz dargelegten Gründen von der weiteren Betrachtung ausgeschlossen werden.

In der Reihenfolge ihrer zeitlichen Entstehung sind dabei an erster Stelle die Vorschläge von Vikas zur Anpassung der Grenzplankostenrechnung an die besonderen Anforderungen von Dienstleistungsunternehmen (u.a. von Logistikdienstleistern) zu erwähnen,[22] die jedoch aufgrund der Tatsache, daß sich die vorliegende Untersuchung auf die Logistik von Industrieunternehmen bezieht, für die weitere Analyse nicht relevant sind.

Parallel zu den Bemühungen der Plaut-Gruppe, Prozeßkostenrechnung und Grenzplankostenrechnung miteinander zu verbinden, wurden auch Überlegungen zur Integration von Prozeßkostenrechnung und relativer Einzelkostenrechnung angestellt,[23] denen aufgrund der geringen praktischen Bedeutung der relativen Einzelkostenrechnung an dieser Stelle jedoch ebenfalls keine Beachtung geschenkt wird.

Schweitzer/Friedl haben einen Ansatz zur Integration von mehrstufiger Deckungsbeitragsrechnung und Prozeßkostenrechnung entwikkelt, den sie als programmorientierte Prozeßkostenrechnung bezeichnen.[24] Zentrale Merkmale ihres Konzepts sind die Spaltung der Prozeßkosten in variable und fixe Bestandteile sowie die Analyse der Abhängigkeit der Prozeßmengen von den Eigenschaften des Produktionsprogramms (z.B. Produktionsmenge, Variantenzahl). Da der Ansatz jedoch lediglich eine Kostenträgerzeitrechnung, aber keine Kalkulation beinhaltet, ist er für die vorliegende Untersuchung, in deren Mittelpunkt die adäquate Berücksichtigung von Logistikkosten in der Kalkulation steht, irrelevant und wird daher auch nicht weiter analysiert.

Das gleiche gilt schließlich für verschiedene ressourcenorientierte Weiterentwicklungen der Prozeßkostenrechnung. Dazu zählen neben dem sog. Time-Driven Activity-Based Costing nach Kaplan/Ander-

---

22 Vgl. Vikas 1988

23 Vgl. Schellhaas/Beinhauer 1992; Witt 1994 sowie insbesondere Rogalski 1996

24 Vgl. Schweitzer/Friedl 1994, S. 83 ff.; Schweitzer/Küpper 2011, S. 582 ff.

son[25] auch die von ingenieurwissenschaftlicher Seite stammenden Entwicklungen von Schuh[26] und Kuhn[27] bzw. ihren Mitarbeitern.

Gemeinsames Merkmal dieser (unabhängig voneinander entwickelten) Ansätze ist die konsequente analytische (bottom-up-orientierte) Planung der Prozeßkosten auf Basis der durch die Prozesse in Anspruch genommenen Ressourcen. Der Ressourcenverbrauch wird dabei über (Ressourcen-) Verbrauchsfunktionen[28] (auch Ressourcenbedarfscharakteristiken[29] oder Leistungsfunktionen[30] genannt) abgebildet. Im Time-Driven Activity-Based Costing werden diese aufgrund der zentralen Bedeutung der Zeit als Größe zur Messung der Kapazität von Ressourcen als Zeitverbrauchsfunktionen bzw. Zeitgleichungen bezeichnet.[31] Mit Hilfe dieser Verbrauchsfunktionen ist es möglich, einem Prozeß gleichzeitig mehrere Bezugsgrößen zuzuordnen, von denen die Ressourceninanspruchnahme und damit die Kosten abhängig sind.[32] Dadurch kann der Ressourcenverzehr eines Prozesses deutlich exakter erfaßt werden als in anderen Systemen der Prozeßkostenrechnung, ohne die Anzahl der Prozesse zu erhöhen. Auf diese Weise gelingt es den ressourcenorientierten Ansätzen, einen Ausgleich zu schaffen zwischen genauer Kostenabbildung einerseits und schlankem Prozeßgeflecht andererseits.[33] Löst man die Verbrauchsfunktionen in ihre Bestandteile auf, indem man pro Bezugsgröße einen eigenen Prozeß bildet, unterscheiden sich die ressourcenorientierten Verfahren in diesem Punkt methodisch nicht von anderen Verfahren der Prozeßkostenrechnung. Aber auch sonst liefern sie für die vorliegende Untersuchung keine über die anderen (im folgenden untersuchten) Weiterentwicklungen der Prozeß- bzw. Grenzplankostenrechnung hinausgehenden Beiträge: Das Time-

---

25 Vgl. Kaplan/Anderson 2004 bzw. die deutsche Übersetzung Kaplan/Anderson 2005 sowie Kaplan/Anderson 2007. Einen gelungenen Überblick über das Time-Driven Activity-Based Costing geben Blatzer/Zirkler 2007.

26 Vgl. Schuh 1989, S. 87 ff. sowie Tanner 1995. Der Ansatz wurde später noch einmal von Luhn aufgegriffen, vgl. Luhn 2002.

27 Vgl. Kuhn/Manthey 1996 sowie Fuchs 2005

28 Vgl. Tanner 1995, S. 133

29 Vgl. Kuhn/Manthey 1996, S. 132

30 Vgl. Fuchs 2005, S. 74

31 Vgl. Kaplan/Anderson 2005, S. 94; Baltzer/Zirkler 2007, S. 37 ff.

32 Vgl. Tanner 1995, S. 96; Kuhn/Manthey 1996, S. 137; Baltzer/Zirkler 2007, S. 36 ff.

33 Vgl. Baltzer/Zirkler 2007, S. 37

Driven Activity-Based Costing ist weiterhin als Vollkostenrechnung konzipiert, und die Ansätze von Schuh et al. und Kuhn et al. sind ausschließlich bzw. primär auf die Beantwortung ganz spezifischer Fragestellungen (Bewertung von Produktvarianten[34], Optimierung von Geschäftsprozessen[35]) ausgerichtet. Zudem ist ihre Komplexität so hoch, daß sie nur mit Hilfe einer speziellen Software implementierbar sind und sich daher nicht (ohne weiteres) in ein tabellenkalkulationsbasiertes Beispiel integrieren lassen, wie es dieser Arbeit zugrunde liegt.[36]

---

34 Vgl. Tanner 1995, S. 96; Schuh 1989; Heina 1999, S. 70 ff.

35 Vgl. Kuhn/Manthey 1996, S. 129; Luhn 2002, S. 155 ff.

36 Vgl. Fuchs 2005, S. 91 und 94

2 Anforderungen an eine logistikgerechte Kostenrechnung

Die vorstehenden Ausführungen haben bereits einige wichtige Anforderungen an eine logistikgerechte Kostenrechnung für Industrieunternehmen oder zumindest wünschenswerte Eigenschaften einer solchen deutlich werden lassen, die an dieser Stelle um weitere ergänzt und systematisch zusammengestellt werden sollen. Im Vordergrund steht dabei die Eignung zur Bestimmung entscheidungsrelevanter produktbezogener Logistikkosten.

1. Logistikkosten sind von sehr unterschiedlichen Kosteneinflußgrößen abhängig.[37] Eine aussagefähige Logistikkostenrechnung sollte die Abhängigkeit der Logistikkosten von den unterschiedlichen Kosteneinflußgrößen transparent machen und in der Kalkulation über geeignete Bezugsgrößen, die die Inanspruchnahme von Logistikleistungen durch die absatzbestimmten Produkte in geeigneter Weise widerspiegeln, berücksichtigen. Durch die Verwendung differenzierter, leistungsbezogener Bezugsgrößen soll gleichzeitig die Transparenz der Logistikkosten in der Kalkulation erhöht werden.[38]

2. Der Charakter der Logistik als Querschnitts- und güterflußbezogene Koordinationsfunktion läßt (nicht zuletzt im Hinblick auf die Kooperation mit Lieferanten und Kunden im Kontext von Supply Chain Management) die Analyse der Kosten und Kostenabhängigkeiten abteilungsübergreifender Logistikprozesse als sinnvoll erscheinen.[39]

3. Eine aussagefähige Logistikkostenrechnung sollte gleichermaßen für die Unterstützung kurz- und langfristiger Entscheidungen geeignet sein. Daraus resultiert die Forderung nach einer Trennung zwischen leistungsabhängigen, d.h. variablen und leistungsunabhängigen, also fixen Logistikkosten.[40] Als variabel sind dabei nur solche Kosten anzusehen, die sich *automatisch*

---

37 Vgl. Berens 1997, S. 454
38 Vgl. Göpfert 2013, S. 351
39 Vgl. Göpfert 2013, S. 338 f.; Vahrenkamp/Kotzab 2012, S. 436 f.
40 Vgl. Göpfert 2013, S. 344 und 350; Reichmann 2011, S. 362; Dierkes 1998, S. 13

mit der Beschäftigung verändern (z.B. Energiekosten für einen Gabelstapler). Die variablen Kosten sind dann enger gefaßt als in der Grenzplankostenrechnung und enthalten aus den bereits dargelegten Gründen insbesondere keine sprungfixen Lohnkosten. Sie sind aber weiter gefaßt als die Leistungskosten nach Riebel, die auch keine leistungsbedingten Abschreibungen beinhalten.[41]

4. Auch wenn der überwiegende Teil der Kosten selbsterstellter Logistikleistungen als fix einzustufen ist, läßt sich ein großer Teil davon dennoch in bestimmten Intervallen an Änderungen des logistischen Leistungsvolumens anpassen. Das ist immer dann der Fall, wenn in einer Kostenstelle mehrere (weitgehend) identische Einheiten einer Ressource (z.B. mehrere Gabelstapler und Gabelstaplerfahrer) zur Leistungserstellung zur Verfügung stehen.[42] Die daraus resultierenden sprungfixen Logistikkosten sollten getrennt von den absolut fixen Logistikkosten ausgewiesen werden, bei denen eine derartige Anpassung aufgrund des nur einmaligen Vorhandenseins einer Ressource nicht möglich ist.[43] Die sprungfixen Kosten können ggf. weiter nach Beschäftigungs- bzw. Betriebsbereitschaftsgraden differenziert werden.[44] Während sprungfixe Kosten bei längerfristigen Betrachtungen durchaus in die Kalkulation einzubeziehen sind, ist eine Einbeziehung der absolut fixen Kosten vor dem Hintergrund der Entscheidungsrelevanz der zu liefernden Kosteninformationen abzulehnen.

5. Die Anpassung sprungfixer Logistikkosten an veränderte Logistikleistungsmengen ist in der Regel nicht sofort, sondern nur

---

41 Zu den unterschiedlichen Auffassungen über die Behandlung von (leistungsbedingten) Abschreibungen vgl. Kilger/Pampel/Vikas 2012, S. 316 ff.

42 Vgl. Kaplan/Cooper 1999, S. 232 f.

43 Vgl. Weber 1995a, S. 108 ff. Derartige Überlegungen finden sich jedoch nicht nur in Bezug auf die Gestaltung einer Logistikkostenrechnung, sondern auch im Kontext des Fixkostenmanagement (vgl. Oecking 1994, S. 78), der Prozeßkostenrechnung (vgl. Seeger 1996, S. 108) wie auch in der Grenzplankostenrechnung, wo sich die Bildung einer eigenen Kostenkategorie für sprungfixe Kosten jedoch nicht durchgesetzt hat (vgl. Kilger/Pampel/Vikas 2012, S. 140 f.).

44 Vgl. Reichmann/Scholl 1984, S. 430 ff.; Reichmann/Schwellnuß/Fröhling 1990, S. 62

mit einer gewissen zeitlichen Verzögerung möglich. Dies gilt insbesondere für den Abbau von Kosten bei Leistungseinschränkungen. Eine logistikgerechte Kostenrechnung sollte daher Informationen über die Bindungsdauer der Logistikkosten bereitstellen, indem verschiedene Bindungsdauerkategorien gebildet werden, denen die sprungfixen (Logistik-) Kosten zuzuordnen sind (z.B. monatlich, quartalsweise, jährlich und überjährig abbaubare Kosten). Diese Differenzierung ist bis in die Kalkulation hinein beizubehalten, so daß nach dem Entscheidungshorizont differenzierte Stückkosten zur Verfügung gestellt werden können.[45] Auf diese Weise können (in Kombination mit der Definition der variablen Kosten gemäß Forderung 3) entscheidungsrelevante Informationen für verschiedene Planungshorizonte bereitgestellt werden, ohne wie in der dynamischen Grenzplankostenrechnung[46] mehrere parallele Kostenspaltungen und damit mehrere Parallelrechnungen für unterschiedliche Fristigkeitsgrade vornehmen zu müssen.

6. Logistikkosten werden je nach Phase des Güterflusses unterschiedlich stark von den Ausbringungsmengen der absatzbestimmten Produkte beeinflußt: Einige stehen in engem Zusammenhang mit den produzierten und abgesetzten Gütermengen, andere fallen weitgehend oder sogar völlig unabhängig davon an. In eine entscheidungsorientierte Kalkulation dürfen nur die ausbringungsmengenabhängigen Logistikkosten einfließen. Diese können je nach Entscheidungshorizont neben variablen auch (innerhalb des Betrachtungszeitraums abbaubare) sprungfixe Kosten enthalten. Ausbringungsmengenunabhängige Logistikkosten sind hingegen auch dann nicht einzubeziehen, wenn es sich um (mit dem logistischen Leistungsvolumen variierende) variable Kosten handelt.[47]

---

45 Vgl. Weber 1995a, S. 108; Lorenzen 1998, S. 92 f.; Reichmann/Scholl 1984, S. 430 ff.; Reichmann/Schwellnuß/Fröhling 1990, S. 61; Seicht 1963, S. 703 ff.; Seicht 1988, S. 45 ff.

46 Vgl. Kilger/Pampel/Vikas 2012, S. 96 ff.

47 Vgl. Dierkes 1998, S. 16

7. Aufgrund des hohen Fixkostenanteils in der Logistik ist die (weitgehende) Nicht-Berücksichtigung dieser Kosten in der Kalkulation, wie sie in der Grenzplankostenrechnung praktiziert wird, keine zufriedenstellende Lösung. Die aus der Fixkostendeckungsrechnung bekannte Unterteilung und Zurechnung der Fixkosten nach der Erzeugnisnähe hilft aufgrund der Tatsache, daß die Logistik als Querschnittsfunktion alle Unternehmensbereiche unterstützt und ihre Leistungen somit in der Regel allen Produkten zugute kommen, hier auch nicht weiter, da Logistikkosten vor diesem Hintergrund (zumindest überwiegend) den unternehmensfixen Kosten zuzuordnen sind. Eine Fixkostenproportionalisierung erscheint somit bis auf den Fall sehr kurzfristiger Entscheidungen unumgänglich. Um dem damit verbundenen gravierenden Nachteil der Abhängigkeit der für die Inanspruchnahme von Logistikleistungen verrechneten Kostensätze und der den Produkteinheiten zugerechneten Logistikkosten von der Beschäftigung der Logistikkostenstellen entgegenzuwirken, sind die Kosten der in einer Periode tatsächlich genutzten Kapazitäten (Nutzkosten) und die Kosten der Unterbeschäftigung, d.h. der nicht genutzten Kapazitäten (Leerkosten), getrennt voneinander auszuweisen und zu verrechnen.[48] Die weitergehende Strukturierung der Leerkosten einer Kostenstelle nach der Anpassungsfähigkeit an veränderte Beschäftigungslagen gemäß Forderung 4 sowie nach der zeitlichen Abbaubarkeit gemäß Forderung 5 liefert zudem wichtige Anregungsinformationen im Hinblick auf die grundsätzlichen Möglichkeiten und den zeitlichen Horizont von Kapazitätsanpassungen.

8. Entscheidungsorientierte Kalkulationen dürfen immer nur die entscheidungsabhängigen, für die jeweilige Entscheidung relevanten (Logistik-) Kosten enthalten. Damit handelt es sich stets um Teilkosten und niemals um Vollkosten. Dennoch möchte die Praxis auf Vollkosteninformationen nicht gänzlich verzichten.[49] Um diesem Informationsbedürfnis der Praxis gerecht zu werden, sollte eine Logistikkostenrechnung in der Lage sein, neben Teil-

48 Vgl. Dierkes 1998, S. 20 f.

49 Vgl. z.B. Küpper/Hoffmann 1988, S. 590 und 600

auch Vollkosteninformationen zu liefern. Sie sollte daher als kombinierte Voll- und Teilkostenrechnung ausgestaltet werden.[50]

9. Schließlich wird in der Literatur zum Teil die Berücksichtigung der unterschiedlichen Liquiditätswirksamkeit von Kosten angeregt und ein getrennter Ausweis von ausgabenwirksamen (und damit im Normalfall auch auszahlungswirksamen[51]) und ausgaben- (bzw. auszahlungs-) unwirksamen Kosten vorgeschlagen.[52] Wichtige ausgabenunwirksame Logistikkosten wären beispielsweise Abschreibungen auf Logistikanlagen oder Kapitalbindungskosten für Lagerbestände. Dieses Kriterium überlagert jedoch alle anderen oben vorgeschlagenen Kostenkategorisierungen, so daß jede gemäß den Forderungen 3-7 zu bildende Kostenkategorie noch einmal in ausgabenwirksame und –unwirksame Kosten unterteilt werden müßte, was die Komplexität der Rechnung enorm erhöhen würde. Das für die Logistik so bedeutsame Beispiel der Kapitalbindungskosten für Lagerbestände macht zudem ein weiteres Problem einer solchen Kategorisierung deutlich: Auch wenn die Zinskosten für das im Lager gebundene Kapital als solche zahlungsunwirksam sind, besitzen sie dennoch eine indirekte Liquiditätswirkung über den mit der Kapitalbindung verbundenen Zinsentgang.[53] An dieser Stelle soll daher lediglich angeregt werden, in der Kostenartenrechnung ein Kennzeichen für die Ausgabewirksamkeit einzuführen, so daß bei Bedarf danach selektiert werden kann.

Wie im letzten Kapitel bereits angedeutet, sollen im folgenden die Ansätze von Reichmann/Fröhling, Glaser, Mayer, Dierkes und Müller auf die Erfüllung dieser Anforderungen untersucht werden. Vergleichsmaßstab ist dabei die Logistikkostenrechnung nach Weber, deren Grundzüge daher ebenfalls kurz dargestellt werden. Die Ausgangsdaten des der Analyse zugrundeliegenden Beispiels werden im

50 Vgl. Weber 1995b, S. 180

51 Vgl. Haberstock 2008, S. 19

52 Vgl. z.B. Herzog 1991, S. 131 sowie Seicht 1988, S. 48 f. und die dort zitierte Literatur

53 Zu weitergehender Kritik an der Kostenkategorisierung nach der Ausgabenwirksamkeit vgl. Seicht 1988, S. 48 f.

nächsten Kapitel vorgestellt. Die Zahlen des Beispiels sind bewußt klein gehalten, um die Übersichtlichkeit nicht zu gefährden. Zur Erleichterung der Nachvollziehbarkeit des Beispiels können die zugehörigen Tabellen unter der am Ende des Tabellenverzeichnisses angegebenen Internet-Adresse heruntergeladen werden.

Ein zentrales Anliegen der Logistikkostenrechnung wie auch der Prozeßkostenrechnung in allen ihren Variationen ist eine Erhöhung der Transparenz der Kosten der Logistik bzw. der indirekten Leistungsbereiche allgemein sowie eine möglichst verursachungsgerechte Verrechnung dieser Kosten auf die betrieblichen Kostenträger.[54] Forderung 1 wird somit von allen hier zu diskutierenden Verfahren erfüllt. Ein umfassendes Beispiel zur Bedeutung der Bezugsgrößenwahl für die Verrechnung von Logistikkosten findet sich bei Siepermann 2005. Die Bildung abteilungsübergreifender Prozesse ist ein Kernelement der Prozeßkostenrechnung[55] und damit auch aller ihrer Weiterentwicklungen (einschließlich der prozeßkonformen Grenzplankostenrechnung, dort werden sie als Leistungskalkulationen bezeichnet[56]), nicht jedoch der Logistikkostenrechnung nach Weber, so daß auf Forderung 2 nicht näher eingegangen werden muß. Der Schwerpunkt der folgenden Ausführungen liegt somit auf den Forderungen 3-8, die im wesentlichen die vorgesehenen Kostenspaltungen (Forderung 3-7) und deren Berücksichtigung in der Kalkulation (Forderung 8) betreffen. Forderung 9 wurde lediglich als (zusätzliche) Anregung formuliert; daher wird diese im folgenden nur in Kapitel 10 bei der zusammenfassenden Beurteilung der untersuchten Ansätze kurz noch einmal aufgegriffen, ansonsten jedoch nicht näher betrachtet.

Abbildung 3 stellt die in den Forderungen 3-7 angesprochenen (möglichen) Differenzierungen von Logistikkosten und deren Zusammenhänge graphisch dar. Einen gewissen Sonderfall repräsentiert dabei die Konstellation sofort abbaubarer fixer Kosten. Dabei handelt es sich um beschäftigungsunabhängig anfallende Repetierfaktorkosten

54 Vgl. Weber 2012, Horváth/Mayer 1989

55 Vgl. Vahrenkamp/Kotzab 2012, S. 438

56 Vgl. Müller 1996, S. 47 und 49

wie Energiekosten für Heizung oder Beleuchtung.[57] In der Logistik ist etwa an die Energiekosten für die Kühlung eines Lagers zu denken. Solange das Kühlhaus genutzt wird, fallen sie unabhängig von der konkreten Lagermenge stets in gleicher Höhe an und sind somit als (absolut) fix anzusehen; im Falle einer vollständigen Entleerung des Lagers können sie jedoch sofort abgebaut werden.[58] In dem im folgenden Kapitel eingeführten Beispiel wird der Fall sofort abbaubarer Fixkosten aufgrund der volumenmäßig untergeordneten Bedeutung dieser Kosten allerdings nicht weiter betrachtet.

Abbildung 3: Differenzierungsmöglichkeiten von Logistikkosten

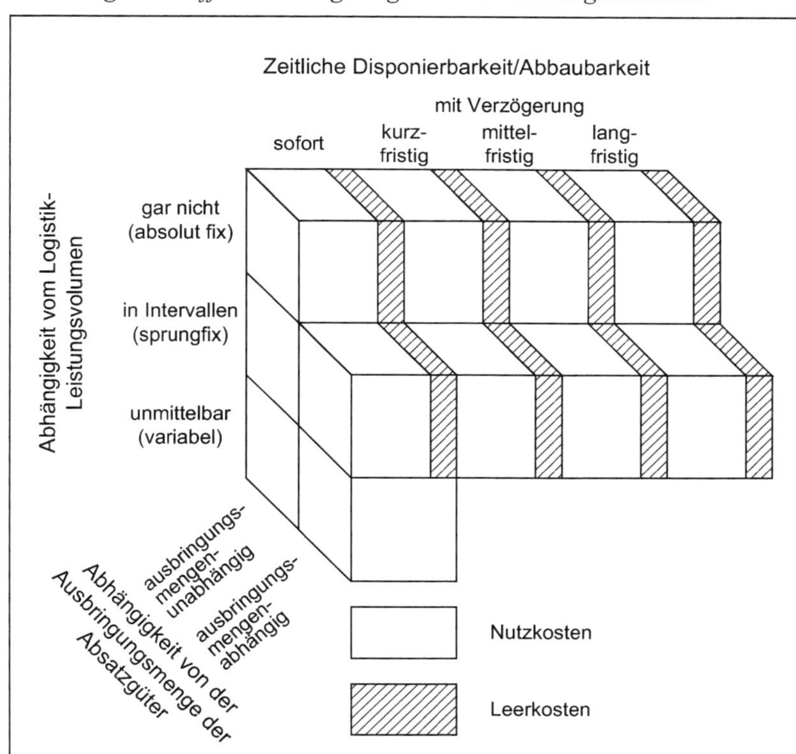

57 Vgl. Mayer 1998, S. 81 und 104

58 Vgl. Weber 1995a, S. 108 ff.

3 Ausgangsdaten des Beispiels

Ein Unternehmen stellt zwei Produkte her. Die für das Beispiel relevanten produktbezogenen Ausgangsdaten zeigt Tabelle 1. Wie dem unteren Teil der Tabelle zu entnehmen ist, erfolgt die Fertigung in drei Fertigungskostenstellen, deren Kosten, Maschinenstunden und Maschinenstundensätze Tabelle 2 enthält. Die Beschaffungslogistik des Unternehmens wird durch die Kostenstelle "Materiallager", die Produktionslogistik durch die Kostenstelle "Produktionsplanung und -steuerung" und die Distributionslogistik durch die Kostenstelle "Fertigwarenlager" repräsentiert. Eine Analyse der in den Kostenstellen ablaufenden Tätigkeiten hat zu den in Tabelle 3 wiedergegebenen Teilprozessen geführt. Tabelle 4 zeigt die Inanspruchnahme der Teilprozesse durch die Produkteinheiten in Form von Prozeßkoeffizienten.

Tabelle 1: Produktbezogene Ausgangsdaten

Merkmal	Einheit	Produkt A	Produkt B
Ausbringungsmenge	[Produkteinheiten/Periode]	2.000	2.000
Materialeinzelkosten	[€/Produkteinheit]	10,00	4,00
Fertigungseinzelkosten	[€/Produkteinheit]	12,00	6,00
Anzahl Teile pro Produkteinheit	[Teile/Produkteinheit]	10	15
Anzahl Teile pro Behälter	[Teile/Behälter]	25	25
Anzahl Arbeitsgänge je Los	[Arbeitsgänge/Los]	3	6
Fertigungslosgröße	[Produkteinheiten/Los]	25	25
Durchschnittliche Auftragsgröße	[Produkteinheiten/Auftrag]	8	4
Maschinenstunden Fertigung 1	[Maschinenstunden/Produkteinheit]	0,5	
Maschinenstunden Fertigung 2	[Maschinenstunden/Produkteinheit]		1,5
Maschinenstunden Fertigung 3	[Maschinenstunden/Produkteinheit]	0,8	0,4

Tabelle 2: Kosten der Fertigungskostenstellen

Direkte FGK [€/Periode]	Fert. 1	Fert. 2	Fert. 3
variabel	3.000	3.000	4.800
kurzfristig abbaubar	10.000	14.000	24.200
mittelfristig abbaubar	5.000	5.000	5.000
langfristig abbaubar	2.000	2.000	2.000
Summe	**20.000**	**24.000**	**36.000**
Maschinenstunden [Std./Periode]	1.000	3.000	2.400
M.-Std.-Satz variabel [€/M.-Std.]	3,00	1,00	2,00
M.-Std.-Satz gesamt [€/M.-Std.]	20,00	8,00	15,00

Tabelle 3: Teilprozesse der Logistikkostenstellen

Kostenstelle	Teilprozesse	Art	Maßgröße	Prozeßmenge
1. Materiallager	1.1 Material einlagern	lmi	Anzahl Behälter	2.000
	1.2 Teilestammdaten pflegen	lmi	Anzahl Teile	25
	1.3 Kostenstelle leiten	lmn	–	
2. Produktionsplanung und -steuerung	2.1 Reihenfolgeplanung durchführen	lmi	Anzahl Arbeitsgänge	720
	2.2 Arbeitsgangpläne pflegen	lmi	Anzahl Produkte	2
	2.3 Kostenstelle leiten	lmn	–	
3. Fertigwarenlager	3.1 Ware kommissionieren	lmi	Anzahl Kundenaufträge	750
	3.2 Ware versenden	lmi	Anzahl Kundenaufträge	750
	3.3 Kostenstelle leiten	lmn	–	

Tabelle 4: Prozeßkoeffizienten

Teilprozeß	Produkt A	Produkt B	Berechnung
Material einlagern	10 / 25 = 0,400	15 / 25 = 0,600	Anz. Teile pro Produkt/Anz. Teile pro Behälter
Teilestammdaten pflegen	10 / 2.000 = 0,005	15 / 2.000 = 0,008	Anz. Teile pro Produkt/Ausbringungsmenge
Reihenfolgeplanung durchführen	3 / 25 = 0,120	6 / 25 = 0,240	Anzahl Arbeitsgänge/Losgröße
Arbeitsgangpläne pflegen	1 / 2.000 = 0,001	1 / 2.000 = 0,001	1/Ausbringungsmenge des Produkts
Ware kommissionieren	1 / 8 = 0,125	1 / 4 = 0,250	1/durchschnittliche Auftragsgröße
Ware versenden	1 / 8 = 0,125	1 / 4 = 0,250	1/durchschnittliche Auftragsgröße

Die Tabellen 5-7 beinhalten die Kosten der in den Logistikkostenstellen ablaufenden Prozesse in der für die folgenden Ausführungen notwendigen Differenzierung. Die Personal- und Anlagenkosten wurden dabei auf Basis der für die Prozeßdurchführung benötigten Zeiten prozeßweise analytisch geplant (Bottom-up-Planung). Da sich bei lmn-Prozessen die Anzahl der Prozeßdurchführungen und der Zeitbedarf für eine einzelne Prozeßdurchführung nicht quantifizieren lassen, kann hier nur der Kapazitätsbedarf für die gesamte Periode (einen Monat) angegeben werden. Pro Vollkraft (VK) bzw. Anlage wurde vereinfachend eine Kapazität von 9.600 Minuten (= 20 Arbeitstage/Monat * 8 Stunden/Tag) zugrundegelegt.[59] Material- und Energiekosten wurden hingegen lediglich kostenstellenbezogen geplant und anschließend retrograd auf die Prozesse verteilt (Top-down-Planung). Alle Daten des Beispiels beziehen sich auf einen Monat.

In Bezug auf die Ermittlung der variablen und fixen Prozeßkostenbestandteile wird von der vereinfachenden Annahme ausgegangen, daß die Kosten in Bezug auf die prozeßbezogenen Bezugsgrößen dasselbe Verhalten aufweisen wie hinsichtlich der kostenstellenbezogenen Bezugsgrößen. Strenggenommen müßte die Spaltung der Prozeßkosten in variable und fixe Bestandteile jedoch auf Prozeßebene durchgeführt werden. In den Ansätzen, die auf eine Trennung zwischen Nutz- und Leerkosten verzichten, wird in den letzten drei Spalten der Tabellen 5-7 hilfsweise eine proportionale Schlüsselung der Leerkosten auf die Nutzkosten vorgenommen, um zu den Ausgangsdaten für diese Ansätze zu gelangen.[60]

Auf die Bildung von Hauptprozessen wird im Beispiel angesichts der begrenzten Anzahl von Teilprozessen, des fehlenden Informationsgewinns einer solchen Verdichtung für die hier zu treffenden Aussagen aufgrund der prinzipiellen Unabhängigkeit des Kalkulationsvorgehens von der Art der zugrundegelegten Prozesse sowie der Präferenz mehrerer der im folgenden zitierten Autoren für eine Kalkulation auf Teilprozeßebene ebenso verzichtet wie auf die Einbeziehung weiterer, nicht-logistischer Kostenstellen.

[59] Zur genauen Bestimmung der Kapazität einer Ressourceneinheit vgl. Kaplan/Cooper 1999, S. 168 ff. sowie Baltzer/Zirkler 2007, S. 28 ff.

[60] Vgl. zu dieser Vorgehensweise Dierkes 1998, S. 20, Fußnote 64 und die dort zitierte Literatur

Tabelle 5: Kosten der Kostenstelle Materiallager

Materiallager	Kosten	Kapazität	Kostensatz	Ressourcenbedarf pro PME [Min./PME]			Ressourcenbedarf gesamt [Min.]			Leerkap.	Kostenanteil [%]				Prozeß(nutz)kosten [€]			Leerkosten	Prozeßkosten inkl. Leerkosten [€]		
BG: Anzahl Behälter BG-Menge: 2000	[€]	[Min.]	[€/Min.]	TP 1.1	TP 1.2	TP 1.3	TP 1.1	TP 1.2	TP 1.3	[Min.]	TP 1.1	TP 1.2	TP 1.3	Leerkosten	TP 1.1	TP 1.2	TP 1.3	[€]	TP 1.1	TP 1.2	TP 1.3
Personalkosten	20.000														12.500	586	3.750	3.164	15.000	676	4.324
variabel		*0*	*0,00*				*0*	*0*			*0%*	*0%*	*0%*	*0%*	*0*	*0*			*0*	*0*	
sprungfix	*15.000*														*12.500*	*0*	*0*	*2.500*	*15.000*	*0*	*0*
kurzfristig abbaubar	*15.000*	*28.800*	*0,52*	*12*			*24.000*	*0*		*4.800*	*83%*	*0%*	*0%*	*17%*	*12.500*	*0*	*0*	*2.500*	*15.000*	*0*	*0*
mittelfristig abbaubar			*0,00*				*0*	*0*		*0*	*0%*	*0%*	*0%*	*0%*	*0*	*0*	*0*	*0*	*0*	*0*	*0*
langfristig abbaubar			*0,00*				*0*	*0*		*0*	*0%*	*0%*	*0%*	*0%*	*0*	*0*	*0*	*0*	*0*	*0*	*0*
absolut fix	*5.000*														*0*	*586*	*3.750*	*664*	*0*	*676*	*4.324*
kurzfristig abbaubar			*0,00*				*0*	*0*		*0*	*0%*	*0%*	*0%*	*0%*	*0*	*0*	*0*	*0*	*0*	*0*	*0*
mittelfristig abbaubar	*5.000*	*9.600*	*0,52*		*45*		*0*	*1.125*	*7.200*	*1.275*	*0%*	*12%*	*75%*	*13%*	*0*	*586*	*3.750*	*664*	*0*	*676*	*4.324*
langfristig abbaubar							*0*	*0*		*0*	*0%*	*0%*	*0%*	*0%*	*0*	*0*	*0*	*0*	*0*	*0*	*0*
Anlagenkosten (Abschreibungen)	8.100														6.750	12	75	1.263	8.000	14	86
variabel	*500*	*24.000*	*0,02*	*12*			*24.000*	*0*			*100%*	*0%*	*0%*	*0%*	*500*	*0*			*500*	*0*	
sprungfix	*7.500*														*6.250*	*0*	*0*	*1.250*	*7.500*	*0*	*0*
kurzfristig abbaubar			*0,00*				*0*	*0*		*0*	*0%*	*0%*	*0%*	*0%*	*0*	*0*	*0*	*0*	*0*	*0*	*0*
mittelfristig abbaubar			*0,00*				*0*	*0*		*0*	*0%*	*0%*	*0%*	*0%*	*0*	*0*	*0*	*0*	*0*	*0*	*0*
langfristig abbaubar	*7.500*	*28.800*	*0,26*	*12*			*24.000*	*0*		*4.800*	*83%*	*0%*	*0%*	*17%*	*6.250*	*0*	*0*	*1.250*	*7.500*	*0*	*0*
absolut fix	*100*														*0*	*12*	*75*	*13*	*0*	*14*	*86*
kurzfristig abbaubar			*0,00*				*0*	*0*		*0*	*0%*	*0%*	*0%*	*0%*	*0*	*0*	*0*	*0*	*0*	*0*	*0*
mittelfristig abbaubar			*0,00*				*0*	*0*		*0*	*0%*	*0%*	*0%*	*0%*	*0*	*0*	*0*	*0*	*0*	*0*	*0*
langfristig abbaubar	*100*	*9.600*	*0,01*		*45*		*0*	*1.125*	*7.200*	*1.275*	*0%*	*12%*	*75%*	*13%*	*0*	*12*	*75*	*13*	*0*	*14*	*86*
Materialkosten	500														495	5	0	0	495	5	0
variabel	*500*										*99%*	*1%*		*0%*	*495*	*5*			*495*	*5*	
sprungfix	*0*														*0*	*0*	*0*	*0*	*0*	*0*	*0*
kurzfristig abbaubar														*100%*	*0*	*0*	*0*	*0*	*0*	*0*	*0*
mittelfristig abbaubar														*100%*	*0*	*0*	*0*	*0*	*0*	*0*	*0*
langfristig abbaubar														*100%*	*0*	*0*	*0*	*0*	*0*	*0*	*0*
absolut fix	*0*														*0*	*0*	*0*	*0*	*0*	*0*	*0*
kurzfristig abbaubar														*100%*	*0*	*0*	*0*	*0*	*0*	*0*	*0*
mittelfristig abbaubar														*100%*	*0*	*0*	*0*	*0*	*0*	*0*	*0*
langfristig abbaubar														*100%*	*0*	*0*	*0*	*0*	*0*	*0*	*0*
Energiekosten	1.400														1.260	140	0	0	1.260	140	0
variabel	*1.400*										*90%*	*10%*		*0%*	*1.260*	*140*			*1.260*	*140*	
sprungfix	*0*														*0*	*0*	*0*	*0*	*0*	*0*	*0*
kurzfristig abbaubar														*100%*	*0*	*0*	*0*	*0*	*0*	*0*	*0*
mittelfristig abbaubar														*100%*	*0*	*0*	*0*	*0*	*0*	*0*	*0*
langfristig abbaubar														*100%*	*0*	*0*	*0*	*0*	*0*	*0*	*0*
absolut fix	*0*														*0*	*0*	*0*	*0*	*0*	*0*	*0*
kurzfristig abbaubar														*100%*	*0*	*0*	*0*	*0*	*0*	*0*	*0*
mittelfristig abbaubar														*100%*	*0*	*0*	*0*	*0*	*0*	*0*	*0*
langfristig abbaubar														*100%*	*0*	*0*	*0*	*0*	*0*	*0*	*0*
Summe	**30.000**														**21.005**	**743**	**3.825**	**4.427**	**24.755**	**834**	**4.411**
variabel	*2.400*														*2.255*	*145*			*2.255*	*145*	
sprungfix	*22.500*														*18.750*	*0*	*0*	*3.750*	*22.500*	*0*	*0*
kurzfristig abbaubar	*15.000*														*12.500*	*0*	*0*	*2.500*	*15.000*	*0*	*0*
mittelfristig abbaubar	*0*														*0*	*0*	*0*	*0*	*0*	*0*	*0*
langfristig abbaubar	*7.500*														*6.250*	*0*	*0*	*1.250*	*7.500*	*0*	*0*
absolut fix	*5.100*														*0*	*598*	*3.825*	*677*	*0*	*689*	*4.411*
kurzfristig abbaubar	*0*														*0*	*0*	*0*	*0*	*0*	*0*	*0*
mittelfristig abbaubar	*5.000*														*0*	*586*	*3.750*	*664*	*0*	*676*	*4.324*
langfristig abbaubar	*100*														*0*	*12*	*75*	*13*	*0*	*14*	*86*

Tabelle 6: Kosten der Kostenstelle Produktionsplanung und -steuerung

PPS BG: Anzahl Arbeitsgänge BG-Menge: 720	Kosten [€]	Kapazität [Min.]	Kostensatz [€/Min.]	Ressourcenbedarf pro PME [Min./PME]			Ressourcenbedarf gesamt [Min.]			Leerkap. [Min.]	Kostenanteil [%]				Prozeß(nutz)kosten [€]			Leerkosten [€]	Prozeßkosten inkl. Leerkosten [€]		
				TP 2.1	TP 2.2	TP 2.3	TP 2.1	TP 2.2	TP 2.3		TP 2.1	TP 2.2	TP 2.3	Leerkosten	TP 2.1	TP 2.2	TP 2.3		TP 2.1	TP 2.2	TP 2.3
Personalkosten	15.000														7.500	63	4.500	2.938	10.000	68	4.932
variabel		*0*	*0,00*				*0*	*0*			*0%*	*0%*	*0%*	*0%*	*0*	*0*			*0*	*0*	
sprungfix	*10.000*														*7.500*	*0*	*0*	*2.500*	*10.000*	*0*	*0*
kurzfristig abbaubar			*0,00*				*0*	*0*		*0*	*0%*	*0%*	*0%*	*0%*	*0*	*0*	*0*	*0*	*0*	*0*	*0*
mittelfristig abbaubar	*10.000*	*19.200*	*0,52*	*20*			*14.400*	*0*		*4.800*	*75%*	*0%*	*0%*	*25%*	*7.500*	*0*	*0*	*2.500*	*10.000*	*0*	*0*
langfristig abbaubar			*0,00*				*0*	*0*		*0*	*0%*	*0%*	*0%*	*0%*	*0*	*0*	*0*	*0*	*0*	*0*	*0*
absolut fix	*5.000*														*0*	*63*	*4.500*	*438*	*0*	*68*	*4.932*
kurzfristig abbaubar			*0,00*				*0*	*0*		*0*	*0%*	*0%*	*0%*	*0%*	*0*	*0*	*0*	*0*	*0*	*0*	*0*
mittelfristig abbaubar	*5.000*	*9.600*	*0,52*		*60*		*0*	*120*	*8.640*	*840*	*0%*	*1%*	*90%*	*9%*	*0*	*63*	*4.500*	*438*	*0*	*68*	*4.932*
langfristig abbaubar			*0,00*				*0*	*0*		*0*	*0%*	*0%*	*0%*	*0%*	*0*	*0*	*0*	*0*	*0*	*0*	*0*
Anlagenkosten (Abschreibungen)	600														300	3	180	118	400	3	197
variabel		*0*	*0,00*				*0*	*0*			*0%*	*0%*	*0%*	*0%*	*0*	*0*			*0*	*0*	
sprungfix	*400*														*300*	*0*	*0*	*100*	*400*	*0*	*0*
kurzfristig abbaubar			*0,00*				*0*	*0*		*0*	*0%*	*0%*	*0%*	*0%*	*0*	*0*	*0*	*0*	*0*	*0*	*0*
mittelfristig abbaubar	*400*	*19.200*	*0,02*	*20*			*14.400*	*0*		*4.800*	*75%*	*0%*	*0%*	*25%*	*300*	*0*	*0*	*100*	*400*	*0*	*0*
langfristig abbaubar			*0,00*				*0*	*0*		*0*	*0%*	*0%*	*0%*	*0%*	*0*	*0*	*0*	*0*	*0*	*0*	*0*
absolut fix	*200*														*0*	*3*	*180*	*18*	*0*	*3*	*197*
kurzfristig abbaubar			*0,00*				*0*	*0*		*0*	*0%*	*0%*	*0%*	*0%*	*0*	*0*	*0*	*0*	*0*	*0*	*0*
mittelfristig abbaubar			*0,00*				*0*	*0*		*0*	*0%*	*0%*	*0%*	*0%*	*0*	*0*	*0*	*0*	*0*	*0*	*0*
langfristig abbaubar	*200*	*9.600*	*0,02*		*60*		*0*	*120*	*8.640*	*840*	*0%*	*1%*	*90%*	*9%*	*0*	*3*	*180*	*18*	*0*	*3*	*197*
Materialkosten	150														135	15	0	0	135	15	0
variabel	*150*										*90%*	*10%*		*0%*	*135*	*15*			*135*	*15*	
sprungfix	*0*														*0*	*0*	*0*	*0*	*0*	*0*	*0*
kurzfristig abbaubar														*100%*	*0*	*0*	*0*	*0*	*0*	*0*	*0*
mittelfristig abbaubar														*100%*	*0*	*0*	*0*	*0*	*0*	*0*	*0*
langfristig abbaubar														*100%*	*0*	*0*	*0*	*0*	*0*	*0*	*0*
absolut fix	*0*														*0*	*0*	*0*	*0*	*0*	*0*	*0*
kurzfristig abbaubar														*100%*	*0*	*0*	*0*	*0*	*0*	*0*	*0*
mittelfristig abbaubar														*100%*	*0*	*0*	*0*	*0*	*0*	*0*	*0*
langfristig abbaubar														*100%*	*0*	*0*	*0*	*0*	*0*	*0*	*0*
Energiekosten	250														225	25	0	0	225	25	0
variabel	*250*										*90%*	*10%*		*0%*	*225*	*25*			*225*	*25*	
sprungfix	*0*														*0*	*0*	*0*	*0*	*0*	*0*	*0*
kurzfristig abbaubar														*100%*	*0*	*0*	*0*	*0*	*0*	*0*	*0*
mittelfristig abbaubar														*100%*	*0*	*0*	*0*	*0*	*0*	*0*	*0*
langfristig abbaubar														*100%*	*0*	*0*	*0*	*0*	*0*	*0*	*0*
absolut fix	*0*														*0*	*0*	*0*	*0*	*0*	*0*	*0*
kurzfristig abbaubar														*100%*	*0*	*0*	*0*	*0*	*0*	*0*	*0*
mittelfristig abbaubar														*100%*	*0*	*0*	*0*	*0*	*0*	*0*	*0*
langfristig abbaubar														*100%*	*0*	*0*	*0*	*0*	*0*	*0*	*0*
Summe	**16.000**														**8.160**	**105**	**4.680**	**3.055**	**10.760**	**111**	**5.129**
variabel	*400*														*360*	*40*			*360*	*40*	
sprungfix	*10.400*														*7.800*	*0*	*0*	*2.600*	*10.400*	*0*	*0*
kurzfristig abbaubar	*0*														*0*	*0*	*0*	*0*	*0*	*0*	*0*
mittelfristig abbaubar	*10.400*														*7.800*	*0*	*0*	*2.600*	*10.400*	*0*	*0*
langfristig abbaubar	*0*														*0*	*0*	*0*	*0*	*0*	*0*	*0*
absolut fix	*5.200*														*0*	*65*	*4.680*	*455*	*0*	*71*	*5.129*
kurzfristig abbaubar	*0*														*0*	*0*	*0*	*0*	*0*	*0*	*0*
mittelfristig abbaubar	*5.000*														*0*	*63*	*4.500*	*438*	*0*	*68*	*4.932*
langfristig abbaubar	*200*														*0*	*3*	*180*	*18*	*0*	*3*	*197*

Tabelle 7: Kosten der Kostenstelle Fertigwarenlager

Fertigwarenlager	Kosten	Kapa-zität	Kosten-satz	Ressourcenbedarf pro PME [Min./PME]			Ressourcenbedarf gesamt [Min.]			Leer-kap.	Kostenanteil [%]				Prozeß(nutz)kosten [€]			Leer-kosten	Prozeßkosten inkl. Leerkosten [€]		
BG: Anzahl Kundenaufträge														Leer-							
BG-Menge: 750	[€]	[Min.]	[€/Min.]	TP 3.1	TP 3.2	TP 3.3	TP 3.1	TP 3.2	TP 3.3	[Min.]	TP 3.1	TP 3.2	TP 3.3	kosten	TP 3.1	TP 3.2	TP 3.3	[€]	TP 3.1	TP 3.2	TP 3.3
Personalkosten	12.500														5.859	3.906	2.500	234	6.000	4.000	2.500
variabel		0	0,00				0	0			0%	0%	0%	0%	0	0			0	0	
sprungfix	10.000														5.859	3.906	0	234	6.000	4.000	0
kurzfristig abbaubar	10.000	19.200	0,52	15	10		11.250	7.500		450	59%	39%	0%	2%	5.859	3.906	0	234	6.000	4.000	0
mittelfristig abbaubar			0,00				0	0		0	0%	0%	0%	0%	0	0	0	0	0	0	0
langfristig abbaubar			0,00				0	0		0	0%	0%	0%	0%	0	0	0	0	0	0	0
absolut fix	2.500														0	0	2.500	0	0	0	2.500
kurzfristig abbaubar			0,00				0	0		0	0%	0%	0%	0%	0	0	0	0	0	0	0
mittelfristig abbaubar	2.500	4.800	0,52				0	0	4.800	0	0%	0%	100%	0%	0	0	2.500	0	0	0	2.500
langfristig abbaubar							0	0		0	0%	0%	0%	0%	0	0	0	0	0	0	0
Anlagenkosten (Abschreibungen)	7.000														4.109	2.739	0	152	4.200	2.800	0
variabel	500	18.750	0,03	15	10		11.250	7.500			60%	40%	0%	0%	300	200			300	200	
sprungfix	4.000														2.344	1.563	0	94	2.400	1.600	0
kurzfristig abbaubar			0,00				0	0		0	0%	0%	0%	0%	0	0	0	0	0	0	0
mittelfristig abbaubar	4.000	19.200	0,21	15	10		11.250	7.500		450	59%	39%	0%	2%	2.344	1.563	0	94	2.400	1.600	0
langfristig abbaubar			0,00				0	0		0	0%	0%	0%	0%	0	0	0	0	0	0	0
absolut fix	2.500														1.465	977	0	59	1.500	1.000	0
kurzfristig abbaubar			0,00				0	0		0	0%	0%	0%	0%	0	0	0	0	0	0	0
mittelfristig abbaubar	1.500	19.200	0,08	15	10		11.250	7.500		450	59%	39%	0%	2%	879	586	0	35	900	600	0
langfristig abbaubar	1.000	19.200	0,05	15	10		11.250	7.500		450	59%	39%	0%	2%	586	391	0	23	600	400	0
Materialkosten	1.500														0	1.500	0	0	0	1.500	0
variabel	1.500											100%		0%	0	1.500			0	1.500	
sprungfix	0														0	0	0	0	0	0	0
kurzfristig abbaubar														100%	0	0	0	0	0	0	0
mittelfristig abbaubar														100%	0	0	0	0	0	0	0
langfristig abbaubar														100%	0	0	0	0	0	0	0
absolut fix	0														0	0	0	0	0	0	0
kurzfristig abbaubar														100%	0	0	0	0	0	0	0
mittelfristig abbaubar														100%	0	0	0	0	0	0	0
langfristig abbaubar														100%	0	0	0	0	0	0	0
Energiekosten	1.500														750	750	0	0	750	750	0
variabel	1.500										50%	50%		0%	750	750			750	750	
sprungfix	0														0	0	0	0	0	0	0
kurzfristig abbaubar														100%	0	0	0	0	0	0	0
mittelfristig abbaubar														100%	0	0	0	0	0	0	0
langfristig abbaubar														100%	0	0	0	0	0	0	0
absolut fix	0														0	0	0	0	0	0	0
kurzfristig abbaubar														100%	0	0	0	0	0	0	0
mittelfristig abbaubar														100%	0	0	0	0	0	0	0
langfristig abbaubar														100%	0	0	0	0	0	0	0
Summe	**22.500**														**10.718**	**8.895**	**2.500**	**387**	**10.950**	**9.050**	**2.500**
variabel	3.500														1.050	2.450			1.050	2.450	
sprungfix	14.000														8.203	5.469	0	328	8.400	5.600	0
kurzfristig abbaubar	10.000														5.859	3.906	0	234	6.000	4.000	0
mittelfristig abbaubar	4.000														2.344	1.563	0	94	2.400	1.600	0
langfristig abbaubar	0														0	0	0	0	0	0	0
absolut fix	5.000														1.465	977	2.500	59	1.500	1.000	2.500
kurzfristig abbaubar	0														0	0	0	0	0	0	0
mittelfristig abbaubar	4.000														879	586	2.500	35	900	600	2.500
langfristig abbaubar	1.000														586	391	0	23	600	400	0

4 Die Logistikkostenrechnung nach Weber

Um den spezifischen Kostenstrukturen in der Logistik entgegenzukommen, schlägt Weber anstelle der in der Grenzplankostenrechnung üblichen Unterscheidung von zwei Kostenkategorien (fixe und variable Kosten) für die Analyse der Logistikkosten die Bildung von drei Kostenkategorien vor:[61]

- Leistungskosten (= variable, sich automatisch mit dem logistischen Leistungsvolumen ändernde Kosten),
- beschäftigungsabhängige Bereitschaftskosten (= sprungfixe Kosten) und
- (weitgehend) beschäftigungsunabhängige Bereitschaftskosten (= absolut fixe Kosten).

Für die Leistungskosten regt Weber eine weitergehende Unterscheidung zwischen leistungs- und prozeßvariablen Kosten an, welche mit den verschiedenen von ihm herausgearbeiteten Ebenen von Logistikleistungen korrespondiert:[62] Während sich leistungsvariable Kosten proportional zum Umfang der vollzogenen Raum-/Zeitveränderung von Logistikobjekten verhalten, hängen prozeßvariable Kosten von Anzahl und Dauer der logistischen Prozesse ab, die zur Bewirkung der Raum-/Zeitveränderungen notwendig sind. Die Unterschiede lassen sich am besten anhand von Beispielen darstellen: Die Energiekosten zum Betrieb eines Kettenförderers hängen im wesentlichen von dessen Betriebszeit, nicht oder nur unwesentlich hingegen von der Anzahl innerhalb der Betriebszeit beförderter Güter ab. Damit handelt es sich um prozeßvariable, nicht aber um leistungsvariable Kosten. Ein Beispiel für leistungsvariable Kosten wären die Kapitalbindungskosten für gelagerte Güter, die mit zunehmender Lagerdauer (= bewirkte Zeitveränderung) proportional ansteigen.

Mit der Unterscheidung von leistungs- und prozeßvariablen Kosten soll der Tatsache Rechnung getragen werden, daß nur ein sehr geringer Teil der Logistikkosten von den Logistikleistungen im Sinne transferbezogener Zustandsveränderungen abhängig ist, ein größerer

---

61 Vgl. Weber 1995a, S. 108 ff.; Weber 2012, S. 221 ff.

62 Zu den Ebenen von Logistikleistungen vgl. Weber 2012, S. 140 ff.

Teil sich aber zu den vollzogenen Logistikprozessen (annähernd) proportional verhält. Aber auch dieser Teil der Logistikkosten ist relativ gering. Der größte Anteil der Kosten selbsterstellter Logistikleistungen ist als fix anzusehen. Ein nicht unbeträchtlicher Teil kann jedoch auf mittlere Sicht in bestimmten Beschäftigungsintervallen an ein verändertes logistisches Leistungsvolumen angepaßt werden. Um dieser Tatsache gerecht zu werden, teilt Weber die fixen Bereitschaftskosten weiter in die beiden o.g. Gruppen auf. Da die Anpassung der beschäftigungsabhängigen Bereitschaftskosten an veränderte Leistungsumfänge nur unter Beachtung der zeitlichen Bindung dieser Kosten erfolgen kann, ist für die Bereitschaftskosten eine weitere Unterteilung nach der zeitlichen Disponierbarkeit vorgesehen.

Mit Hilfe dieser Kostenkategorien lassen sich die Kostenstrukturen in der Logistik recht genau abbilden. Ein Nachteil des hohen Differenzierungsgrades, der auch von Weber selbst gesehen wird, ist allerdings die ansteigende Komplexität der Rechnung. Vor diesem Hintergrund kommt Weber zu dem Schluß, auf die oben beschriebene Ausdifferenzierung der Logistikkosten zu verzichten und die Kategorienbildung auch in der Logistik wie in Produktionskostenstellen zu vollziehen, d.h. es bei den dort unterschiedenen zwei Kostenkategorien (variable und fixe Kosten) zu belassen.[63] In Bezug auf die variablen Kosten ist dieser Entscheidung in vollem Umfang zuzustimmen. Eine weitergehende Differenzierung der Fixkosten erscheint allerdings in Anbetracht der Heterogenität dieses Kostenblocks zumindest überlegenswert.

Die Verrechnung der Logistikkosten auf die Kostenträger erfolgt nach dem Schema der einstufigen, summarischen Verrechnungssatz- bzw. Zuschlagskalkulation (vgl. Abbildung 4).

Im Beispiel ergeben sich unter Verwendung der in Tabelle 8 dargestellten Kalkulationssätze für Produkt A die in Tabelle 9 wiedergegebenen Kalkulationsergebnisse.

---

[63] Vgl. Weber 2012, S. 235

Abbildung 4: Kalkulationsschema im Ansatz von Weber

	Materialeinzelkosten
+	Beschaffungslogistikgemeinkosten (differenziert nach Kostenstellen)
+	Sonstige Materialgemeinkosten
=	Materialkosten
+	Fertigungseinzelkosten (Fertigungslöhne)
+	Direkte Fertigungsgemeinkosten
+	Produktionslogistikgemeinkosten (differenziert nach Kostenstellen)
=	Fertigungskosten
=	Herstellkosten
+	Verwaltungsgemeinkosten
+	Distributionslogistikgemeinkosten (differenziert nach Kostenstellen)
+	Sonstige Vertriebsgemeinkosten
=	Selbstkosten

Quelle: In Anlehnung an Weber 2012, S. 273

Der Ansatz von Weber erfüllt einen großen Teil der aufgestellten Anforderungen an eine aussagefähige Logistikkostenrechnung. Abgesehen von der fehlenden Betrachtung abteilungsübergreifender Prozesse (Forderung 2) werden lediglich die Frage der Abhängigkeitsbeziehungen zwischen Logistikleistungen und Produktmengen (Forderung 6) und die Trennung zwischen Nutz- und Leerkosten (Forderung 7) nicht explizit angesprochen. Ein weiterer Mangel ist der (komplexitätsbedingte) Verzicht auf eine weitergehende Differenzierung der fixen Logistikkosten und deren Berücksichtigung in der Kalkulation (Forderung 4 und 5).

Tabelle 8: Kalkulationssätze im Ansatz von Weber

Kostenstelle	**Bezugsgröße**	**Grenzkostenrechnung**			**Vollkostenrechnung**		
		Z/V-Basis	KSt.-K.	Z/V-Satz	Z/V-Basis	KSt.-K.	Z/V-Satz
Materiallager	Anzahl Behälter	2.000	2.400	1,20	2.000	30.000	15,00
PPS	Anzahl Arbeitsgänge	720	400	0,56	720	16.000	22,22
Fertigwarenlager	Anzahl Kundenaufträge	750	3.500	4,67	750	22.500	30,00

Tabelle 9: Kalkulation von Produkt A im Ansatz von Weber

Produkt A	Grenzkosten	Vollkosten
Materialeinzelkosten	10,00	10,00
Beschaffungslogistikgemeinkosten	0,48	6,00
Summe Materialkosten	10,48	16,00
Fertigungseinzelkosten	12,00	12,00
Direkte Fertigungsgemeinkosten	3,10	22,00
Produktionslogistikgemeinkosten	0,07	2,67
Summe Fertigungskosten	15,17	36,67
Herstellkosten	25,65	52,67
Distributionslogistikgemeinkosten	0,58	3,75
Selbstkosten	**26,23**	**56,42**

5 Die fixkostenmanagementorientierte Prozeßkostenrechnung nach Reichmann/Fröhling

Die von Reichmann/Fröhling vorgeschlagene fixkostenmanagementorientierte Prozeßkostenrechnung baut auf der von Reichmann et al. entwickelten fixkosten(management)orientierten Plankostenrechnung auf,[64] die neben der Spaltung der Kostenstellenkosten in variable und fixe Bestandteile eine Differenzierung der fixen Kosten nach ihrer zeitlichen Abbaubarkeit in ≤ 6 Monate, ≤ 1 Jahr und > 1 Jahr abbaufähige sowie nicht abbaufähige Kosten vornimmt.[65] Letztere werden im weiteren Verlauf der Ausführungen von den Autoren jedoch nicht weiter betrachtet, vielmehr werden die in die Kategorie der nicht abbaufähigen Fixkosten (Abschreibungen auf Eigentumspotentiale) später den > 1 Jahr abbaufähigen Kosten zugeordnet.[66]

Die zeitliche Differenzierung der Kosten wird innerhalb der gesamten Rechnung, d.h. bis in die Kalkulation hinein beibehalten. Dadurch ergeben sich nach Bindungsdauern differenzierte Prozeßkosten und Prozeßkostensätze (auch wenn diese in dem von Reichmann/Fröhling präsentierten Beispiel nicht explizit ausgewiesen werden), wobei in die Prozeßkosten einer Kostenkategorie alle Kosten einbezogen werden, die innerhalb des der jeweiligen Kategorie zugeordneten Zeitraums abbaubar sind, d.h. auch die Kosten mit kürzerer Bindungsdauer. So enthalten beispielsweise die Prozeßkosten mit einer Bindungsdauer von bis zu einem Jahr (im Beispiel als mittelfristig abbaubar bezeichnet) auch die bereits nach einem halben Jahr (im Beispiel als kurzfristig abbaubar bezeichnet) abbaufähigen Kosten einschließlich der variablen Kosten. Tabelle 10 zeigt die so strukturierten Prozeßkosten und die daraus resultierenden Prozeßkostensätze im Beispiel.

---

64 Vgl. dazu Reichmann/Schwellnuß/Fröhling 1990; Reichmann/Scholl 1984; Scholl 1981

65 Vgl. Reichmann/Fröhling 1993, S. 65; Reichmann/Fröhling 1998, S. 66

66 Vgl. Reichmann/Fröhling 1993, S. 67, Abbildung 3; Reichmann/Fröhling 1998, S. 71, Abbildung 3

Tabelle 10: Strukturierung der Prozeßkosten und Prozeßkostensätze im Ansatz von Reichmann/Fröhling

Teilprozeß	Art	Maßgröße	Prozeß-menge	Prozeßkosten				Prozeßkostensätze			
				variabel	kurzfr. abbaubar	mittelfr. abbaubar	langfr. abbaubar	variabel	kurzfr. abbaubar	mittelfr. abbaubar	langfr. abbaubar
Material einlagern	lmi	Anzahl Behälter	2.000	2.255	17.255	17.255	24.755	1,13	8,63	8,63	12,38
Teilestammdaten pflegen	lmi	Anzahl Teile	25	145	145	821	834	5,80	5,80	32,83	33,37
Kostenstelle leiten	lmn	–	–	0	0	4.324	4.411				
Reihenfolgeplanung durchführen	lmi	Anzahl Arbeitsgänge	720	360	360	10.760	10.760	0,50	0,50	14,94	14,94
Arbeitsgangpläne pflegen	lmi	Anzahl Produkte	2	40	40	108	111	20,00	20,00	54,25	55,62
Kostenstelle leiten	lmn	–	–	0	0	4.932	5.129				
Ware kommissionieren	lmi	Anzahl Kundenaufträge	750	1.050	7.050	10.350	10.950	1,40	9,40	13,80	14,60
Ware versenden	lmi	Anzahl Produkte	750	2.450	6.450	8.650	9.050	3,27	8,60	11,53	12,07
Kostenstelle leiten	lmn	–	–	0	0	2.500	2.500				

Die Kalkulation baut auf der von Reichmann entwickelten progressiven Plan-Angebotskalkulation auf.[67] Diese stellt ihrerseits eine Modifikation der progressiven Kalkulation der Fixkostendeckungsrechnung in der Weise dar, daß zum einen nur drei Fixkostenschichten (erzeugnis-, erzeugnisgruppen- und unternehmensfixe Kosten) verwendet werden und zum anderen die Fixkosten der einzelnen Fixkostenschichten nicht, wie im Originalvorschlag von Agthe/Mellerowicz vorgesehen, nach dem Tragfähigkeitsprinzip, sondern nach dem Prinzip der Divisionskalkulation den Produkteinheiten in Form sog. Plan-Deckungsbeiträge zugeschlüsselt werden. Die erzeugnis- und erzeugnisgruppenfixen Kosten werden dabei durch die jeweiligen Absatzmengen des Produktes bzw. der Produktgruppe dividiert; die unternehmensfixen Kosten werden zunächst anhand des Anteils der variablen (Perioden-) Kosten des Produktes an den gesamten variablen Kosten der Periode auf die einzelnen Produkte verteilt, bevor sie wiederum durch die Absatzmenge des jeweiligen Produktes geteilt werden.[68] Innerhalb der einzelnen Fixkostenschichten wird eine weitere Differenzierung nach der Bindungsdauer der Kosten vorgenommen (vgl. Abbildung 5) – eine Idee, die auf Seicht zurückgeht.[69]

Da die Prozeßkosten aus variablen und fixen Bestandteilen bestehen, müßten die Kosten eines jeden Prozesses strenggenommen an zwei verschiedenen Stellen innerhalb des Kalkulationsschemas ausgewiesen werden: Die variablen Prozeßkosten bei den variablen Gemeinkosten und die fixen Prozeßkosten in der entsprechenden Fixkostenschicht. Um die damit verbundene Komplexitätssteigerung zu vermeiden und jeden Prozeß nur einmal im Kalkulationsschema aufzuführen, schlagen Reichmann/Fröhling vor, die Prozeßkosten jeweils an der Stelle auszuweisen, wo der Kostenstrukturschwerpunkt des Prozesses liegt.[70] Das werden bei Logistikprozessen vor dem Hintergrund der Kostenstrukturen selbsterstellter Logistikleistungen (überwiegend (sprung)fixe Kosten) und der Tatsche, daß die von einer Logistikkostenstelle erbrachten Leistungen zumeist von allen Produkten in Anspruch genommen werden, in der Regel die unterneh-

67 Vgl. dazu Reichmann 1993, Sp. 2271 f.

68 Vgl. Reichmann/Fröhling 1993, S. 70; Reichmann/Fröhling 1998, S. 76 f.

69 Vgl. Seicht 1963, S. 703 ff.; Seicht 1988, S. 45 f.

70 Vgl. Reichmann/Fröhling 1993, S. 71 f.; Reichmann/Fröhling 1998, S. 81

mensfixen Kosten sein. Dieses Vorgehen hat zur Folge, daß die variablen Prozeßkosten in der Kalkulation bei den unternehmensfixen Kosten ausgewiesen werden.[71]

Abbildung 5: Kalkulationsschema im Ansatz von Reichmann/Fröhling

	Einzelkosten pro Stück
+	Variable Gemeinkosten pro Stück
+	Plan-Deckungsbeitrag der erzeugnisfixen Kosten pro Stück
	davon Plan-Deckungsbeitrag ≤ 6 Monate abbaubar
	davon Plan-Deckungsbeitrag ≤ 1 Jahr abbaubar
+	Plan-Deckungsbeitrag der erzeugnisgruppenfixen Kosten pro Stück
	davon Plan-Deckungsbeitrag ≤ 6 Monate abbaubar
	davon Plan-Deckungsbeitrag ≤ 1 Jahr abbaubar
+	Plan-Deckungsbeitrag der unternehmensfixen Kosten pro Stück
	davon Plan-Deckungsbeitrag ≤ 6 Monate abbaubar
	davon Plan-Deckungsbeitrag ≤ 1 Jahr abbaubar
	Davon prozeßbezogene Plan-Deckungsbeiträge für ...
	Prozeß 1
	davon ≤ 6 Monate abbaubar
	davon ≤ 1 Jahr abbaubar
	Prozeß 2
	davon ≤ 6 Monate abbaubar
	davon ≤ 1 Jahr abbaubar
	...
	Prozeß n
	davon ≤ 6 Monate abbaubar
	davon ≤ 1 Jahr abbaubar
=	Plan-Angebotsstückkosten
	davon Plan-Angebotsstückkosten ≤ 6 Monate abbaubar
	davon Plan-Angebotsstückkosten ≤ 1 Jahr abbaubar

Quelle: In Anlehnung an Reichmann/Fröhling 1993, S. 70 und 72

Tabelle 11 zeigt die Kalkulation für Produkt A im Beispiel. Dabei wurden aus Gründen der Übersichtlichkeit die Prozesse der Beschaffungs-, Produktions- und Distributionslogistik jeweils zu einer Gruppe zusammengefaßt. Zur Verrechnung der lmn-Kosten nehmen Reichmann/Fröhling nicht explizit Stellung. Da die Kosten der Logistikprozesse im Beispiel aus den oben dargelegten Gründen bei den unternehmensfixen Kosten ausgewiesen werden, wurden die lmn-Kosten gemäß der von Reichmann im Rahmen der progressiven Plan-Angebotskalkulation für die unternehmensfixen Kosten ver-

[71] Vgl. Reichmann/Fröhling 1993, S. 72

wendeten Zuordnungsregel (siehe oben) auf die Produkteinheiten verteilt.

Tabelle 11: Kalkulation von Produkt A im Ansatz von Reichmann/Fröhling

Produkt A	**Kosten**
Einzelkosten	22,00
Variable Gemeinkosten	3,10
Plan-DB produktfixe Kosten	8,50
davon kurzfristig abbaubar	*5,00*
davon mittelfristig abbaubar	*7,50*
Plan-DB produktgruppenfixe Kosten	7,80
davon kurzfristig abbaubar	*6,05*
davon mittelfristig abbaubar	*7,30*
Plan-DB unternehmensfixe Kosten	14,31
davon kurzfristig abbaubar	*5,80*
davon mittelfristig abbaubar	*12,55*
Davon ...	
Lmi-Prozeßkosten Beschaffungslogistik	5,12
davon kurzfristig abbaubar	*3,48*
davon mittelfristig abbaubar	*3,62*
Lmi-Prozeßkosten Produktionslogistik	1,82
davon kurzfristig abbaubar	*0,07*
davon mittelfristig abbaubar	*1,82*
Lmi-Prozeßkosten Distributionslogistik	3,33
davon kurzfristig abbaubar	*2,25*
davon mittelfristig abbaubar	*3,17*
Stückkosten	**55,71**
davon kurzfristig abbaubar	41,95
davon mittelfristig abbaubar	52,45

Der Schwerpunkt des Vorschlags von Reichmann/Fröhling liegt in der Berücksichtigung der unterschiedlichen Bindungsdauer fixer Kosten (Forderung 5). Das vorgeschlagene Kalkulationsschema mündet in die Kalkulation von Vollkosten, Teilkosten sind jedoch ebenso ablesbar (Forderung 8). Die Unterstützung kurzfristiger Entscheidungen ist durch die Trennung zwischen variablen und fixen Kosten prinzipiell möglich (Forderung 3), aufgrund des Ausweises der variablen Prozeßkosten bei den unternehmensfixen Kosten (im Falle der Dominanz der fixen Prozeßkosten) sind die gesamten variablen Stückkosten jedoch nicht unmittelbar dem Kalkulationsschema zu entnehmen. Eine Untergliederung der Fixkosten nach den Anpassungsmöglichkeiten an veränderte Prozeßmengen (Forderung

4) erfolgt ebensowenig wie eine Thematisierung der Abhängigkeitsbeziehungen der Prozeßkosten von den Produktmengen (Forderung 6) oder eine Trennung zwischen Nutz- und Leerkosten (Forderung 7). Eine weitere, nicht unbedeutende Schwachstelle besteht darin, daß die produktbezogen ausgewiesenen Logistikkosten zwar nach den Regeln der direkten Prozeßkostenkalkulation und damit auf Basis direkter, leistungsbezogener Bezugsgrößen errechnet werden, die Verteilung der unternehmensfixen Kosten insgesamt, als deren Bestandteil die Logistikkosten ausgewiesen werden, aber nach ganz anderen Regeln erfolgt, so daß das Kalkulationsschema an dieser Stelle in sich widersprüchlich ist. Somit erscheint die auf den ersten Blick gegebene Erfüllung von Forderung 1 bei näherem Hinsehen zumindest fragwürdig. Schließlich ist die unkritische Übernahme der auf Kostenstellen- bzw. Kostenartenebene vorgenommenen Kostenkategorisierung auf die Prozeßebene zu kritisieren. Zwar werden sich die Kosten in den meisten Fällen in Bezug auf die für die Teilprozesse gewählten Bezugsgrößen genauso verhalten wie in Bezug auf die kostenstellen- bzw. kostenartenbezogenen Bezugsgrößen, es sind jedoch auch Fälle denkbar, in denen das nicht der Fall ist, wie das bereits erwähnte Beispiel der Energiekosten eines Kühlhauses zeigt: In Bezug auf die Betriebszeit als kostenarten- oder kostenstellenbezogene Bezugsgröße sind diese Kosten als variabel anzusehen, in Bezug auf die prozeßbezogene Bezugsgröße "Anzahl durchschnittlich gelagerter Behälter" eines Teilprozesses "Behälter lagern" wären sie jedoch als fix zu klassifizieren.

6 Die prozeßorientierte Deckungsbeitragsrechnung nach Glaser

Die von Glaser entwickelte prozeßorientierte Deckungsbeitragsrechnung zielt darauf ab, nicht nur strategische bzw. langfristige Entscheidungen zu unterstützen, wie es die Grundform der Prozeßkostenrechnung tut, sondern auch entscheidungsrelevante Informationen für operative bzw. kurzfristige Entscheidungen bereitzustellen.[72] Zu diesem Zweck unterscheidet Glaser in ihrem Ansatz kurz-, mittel- und langfristig abbaubare Prozeßkosten, wobei Kosten immer dann als innerhalb eines Zeitraums abbaubar angesehen werden, "wenn eine Einsparung der zur Leistungserstellung genutzten Faktormengen innerhalb dieses Zeitraums tatsächlich zu Kostensenkungen führt."[73] Im Gegensatz zu Reichmann/Fröhling läßt Glaser die hinter den Begriffen kurz-, mittel- und langfristig stehenden Fristigkeiten im theoretischen Teil ihrer Arbeit offen. Erst im die Arbeit abschließenden Beispiel nimmt sie eine Konkretisierung vor, indem sie monatlich, quartalsweise und jährlich abbaubare Kosten unterscheidet.[74] Hinzu kommt zu Beginn ihrer Arbeit noch die Kategorie der im definierten Zeitraum nicht abbaubaren Kosten,[75] die sie jedoch im weiteren Verlauf ihrer Ausführungen nicht wieder aufgreift.

Im Beispiel ergeben sich die in Tabelle 12 dargestellten Prozeßkostensätze, wobei die Prozeßkosten einer Kostenkategorie wieder alle Kosten enthalten, die innerhalb des der jeweiligen Kategorie zugeordneten Zeitraums abbaubar sind, also auch die Kosten mit kürzerer Bindungsdauer Die variablen Kosten wurden dabei den kurzfristig abbaubaren Kosten zugeordnet. Die Kosten der lmn-Prozesse wurden proportional zu den lmi-Prozeßkosten auf die lmi-Prozesse verteilt.

---

72 Vgl. Glaser 1998, S. 2

73 Glaser 1998, S. 39

74 Vgl. Glaser 1998, S. 171 ff.

75 Vgl. Glaser 1998, S. 18

Tabelle 12: Strukturierung der Prozeßkosten und Prozeßkostensätze im Ansatz von Glaser

Teilprozeß	Art	Maßgröße	Prozeß-menge	Prozeßkosten			Prozeßkostensätze			
				kurzfr. abbaubar	mittelfr. abbaubar	langfr. abbaubar	lmi kurzfr.	lmi mittelfr.	lmi langfr.	gesamt langfr.
Material einlagern	lmi	Anzahl Behälter	2.000	17.255	17.255	24.755	8,63	8,63	12,38	14,51
Teilestammdaten pflegen	lmi	Anzahl Teile	25	145	821	834	5,80	32,83	33,37	39,12
Kostenstelle leiten	lmn	–	–	0	4.324	4.411				
Reihenfolgeplanung durchführen	lmi	Anzahl Arbeitsgänge	720	360	10.760	10.760	0,50	14,94	14,94	21,99
Arbeitsgangpläne pflegen	lmi	Anzahl Produkte	2	40	108	111	20,00	54,25	55,62	81,85
Kostenstelle leiten	lmn	–	–	0	4.932	5.129				
Ware kommissionieren	lmi	Anzahl Kundenaufträge	750	7.050	10.350	10.950	9,40	13,80	14,60	16,43
Ware versenden	lmi	Anzahl Produkte	750	6.450	8.650	9.050	8,60	11,53	12,07	13,58
Kostenstelle leiten	lmn	–	–	0	2.500	2.500				

Für die Kalkulation schlägt Glaser ein dreistufiges Schema vor (vgl. Abbildung 6). Darin entsprechen die Grenzkosten den Einzelkosten. Anschließend werden die kurzfristig abbaubaren Prozeßkosten auf die Produkteinheiten verrechnet; sie bilden zusammen mit den Einzelkosten die sog. "erweiterten Grenzkosten". Um Kostenverzerrungen durch die Zusammenfassung von Teilprozessen mit unterschiedlichen Maßgrößen zu einem Hauptprozeß zu vermeiden, wird die Kalkulation in diesem Bereich auf Teilprozeßebene durchgeführt. Innerhalb dieses zweiten Kostenblocks ist in Anlehnung an Cooper/Kaplan[76] eine Unterscheidung zwischen stück-, los- und erzeugnis(art)bezogenen Prozessen bzw. Prozeßkosten vorgesehen. Die erzeugnis(art)bezogenen Prozeßkosten sind dabei nur bei Bedarf in die Kalkulation einzubeziehen. Durch Addition der kurzfristig nicht abbaubaren Prozeßkosten zu den erweiterten Grenzkosten ergeben sich schließlich die Selbstkosten. Hier reicht nach Ansicht von Glaser eine Kalkulation auf Hauptprozeßebene aus.[77] Um Doppelverrechnungen von Prozeßkosten zu vermeiden, sind aus den Hauptprozeßkostensätzen die bereits im Rahmen der erweiterten Grenzkosten zugerechneten kurzfristig abbaubaren Prozeßkosten herauszurechnen.[78]

Abbildung 6: Kalkulationsschema im Ansatz von Glaser

	Fertigungsmaterial
+	Fertigungslohn
+	Sondereinzelkosten der Fertigung
+	Sondereinzelkosten des Vertriebs
=	Grenzkosten
+	Kurzfristig abbaubare Kosten stückbezogener Teilprozesse
+	Kurzfristig abbaubare Kosten losbezogener Teilprozesse
+	Kurzfristig abbaubare Kosten erzeugnis(art)bezogener Teilprozesse (Einbeziehung nur bei Bedarf)
=	Erweiterte Grenzkosten
+	Kurzfristig nicht abbaubare Kosten der Hauptprozesse
=	Selbstkosten

Quelle: In Anlehnung an Glaser 1998, S. 51 und 151

[76] Vgl. Cooper/Kaplan 1991, S. 88 f. sowie ergänzend Schweitzer/Küpper 2011, S. 366
[77] Vgl. Glaser 1998, S. 52
[78] Vgl. Glaser 1998, S. 181

Die Kalkulation auf Hauptprozeßebene (Zurechnung der kurzfristig nicht abbaubaren Kosten) kann entweder auf Basis der lmi- oder der Gesamtprozeßkostensätze erfolgen.[79] Auf Teilprozeßebene, d.h. bei der Zurechnung der kurzfristig abbaubaren Kosten stellt sich die Frage der in die Kalkulation einzubeziehenden Kostenkategorien (nur lmi-Kosten oder auch anteilige lmn-Kosten) nur dann, wenn kurzfristig abbaubare lmn-Kosten existieren, was im Beispiel von Glaser wie auch im hier verwendeten Beispiel nicht der Fall ist. Im Sinne einer Vermeidung von Kostenverzerrungen sollte die Kalkulation in diesem Bereich nur auf Basis der lmi-Prozeßkostensätze durchgeführt werden. Zur Ermittlung von Vollkosten wären die kurzfristig abbaubaren lmn-Kosten dann unterhalb der erweiterten Grenzkosten in einer zusätzlichen Kalkulationszeile auszuweisen.

Für das Beispielprodukt A nimmt das Kalkulationsschema die in Tabelle 13 wiedergegebene Gestalt an. Die Zurechnung der kurzfristig nicht abbaubaren Kosten erfolgte auf Basis der Gesamtprozeßkostensätze; bezüglich der kurzfristig abbaubaren Kosten stellt sich die entsprechende Frage nicht, da im Beispiel keine kurzfristig abbaubaren lmn-Kosten existieren. Für die Verrechnung der direkten Fertigungsgemeinkosten mußten Kalkulationszeilen ergänzt werden, da die Autorin für diese Positionen keine eigenen Kalkulationszeilen vorgesehen hat. Die Teilprozesse der Beschaffungs-, Produktions- und Distributionslogistik wurden aus Gründen der Übersichtlichkeit wieder zu je einem Block zusammengefaßt. Aufgrund der fehlenden Bildung von Hauptprozessen im Beispiel wurde die Verrechnung auch der kurzfristig nicht abbaubaren Prozeßkosten auf Teilprozeßebene vorgenommen.

Der Fokus des Ansatzes von Glaser liegt wie bei Reichmann/Fröhling in der Berücksichtigung der unterschiedlichen zeitlichen Disponierbarkeit der fixen Kosten (Forderung 5). Teil- und Vollkosteninformationen sind gleichzeitig ermittelbar (Forderung 8). Durch die getrennte Verrechnung stück-, los- und erzeugnis(art)bezogener Prozeßkosten ist die unterschiedliche Ausbringungsmengenabhängigkeit der Logistikkosten implizit berücksichtigt, wenn man davon ausgeht,

[79] Vgl. Glaser 1998, S. 182

daß diese bei stückbezogenen Prozessen in vollem Umfang, bei losbezogenen Prozessen bedingt und bei erzeugnis(art)bezogenen Prozessen eher nicht gegeben ist. Eine explizite Trennung zwischen diesen drei Prozeßkategorien wird zwar nur in Bezug auf die kurzfristig abbaubaren Prozeßkosten vorgenommen, läßt sich aber mit dem vorliegenden Datenmaterial problemlos auch für die nicht kurzfristig abbaubaren Prozeßkosten realisieren, so daß Forderung 6 als erfüllt angesehen werden kann. Ein Nachteil des Ansatzes von Glaser ist die Vermischung der Beschäftigungsabhängigkeit der Kosten mit der zeitlichen Abbaubarkeit, so daß die Forderungen 3 und 4 nur bedingt erfüllt werden. Die fehlende Trennung zwischen fixen und variablen Kosten ist angesichts des geringen Anteils variabler Logistikkosten allerdings nur von untergeordneter Bedeutung. Gravierender ist hingegen die fehlende Aufspaltung der (fixen) Kosten in Nutz- und Leerkosten (Forderung 7).

Tabelle 13: Kalkulation von Produkt A im Ansatz von Glaser

Produkt A	**Kosten**
Fertigungsmaterial	10,00
Fertigungslohn	12,00
Grenzkosten	22,00
Kurzfristig abbaubare Kosten losbezogener Prozesse	
Beschaffungslogistik	3,45
Produktionslogistik	0,06
Distributionslogistik	2,25
Kurzfristig abbaubare Kosten erzeugnis(art)bezogener Prozesse	
Beschaffungslogistik	0,03
Produktionslogistik	0,01
Distributionslogistik	
Sonstige kurzfristig abbaubare Kosten (direkter Fertigungsbereich)	16,17
Erweiterte Grenzkosten	43,97
Kurzfristig nicht abbaubare Prozeßkosten	
Beschaffungslogistik	2,52
Produktionslogistik	2,61
Distributionslogistik	1,50
Sonstige kurzfristig nicht abbaubare Kosten (direkter Fertigungsbereich)	5,83
Selbstkosten	**56,43**

7 Die Kapazitätskostenrechnung nach Mayer

Bei der von Mayer vorgestellten Kapazitätskostenrechnung handelt es sich um ein durchgehend prozeßorientiertes Kostenrechnungssystem für alle (also die direkten und indirekten) Leistungsbereiche eines Unternehmens, in dessen Mittelpunkt die Analyse der Veränderbarkeit der Kosten der betrieblichen Potentialfaktoren (= Kapazitätskosten) steht.[80] Dies macht eine über die Unterscheidung von leistungsmengeninduzierten und leistungsmengenneutralen Prozeßkosten hinausgehende Differenzierung der Kosten notwendig. Eine Trennung zwischen variablen und fixen Prozeßkosten lehnt Mayer jedoch wie schon bei der von ihm maßgeblich mitkonzipierten Grundform der Prozeßkostenrechnung mit der Begründung ab, eine solche Kategorisierung versperre die Sicht auf die einzelfallbezogene Veränderbarkeit der Kosten. Statt dessen schlägt er eine Differenzierung in

- leistungsabhängige Sachkosten,
- Personalkosten und
- zeitgebundene Nutzungskosten für technische Nutzungspotentiale und Dienstleistungsverträge

vor.[81] Während für die leistungsabhängigen Sachkosten eine unmittelbare und vollumfängliche Anpaßbarkeit an Prozeßmengenveränderungen angenommen wird, wird bei den zeitgebundenen Nutzungskosten davon ausgegangen, daß Prozeßmengenveränderungen keine unmittelbaren Kostenauswirkungen haben. Eine Beeinflussung dieser Kosten ist nur längerfristig über den Auf- bzw. Abbau von Potentialfaktoren möglich. Für die Personalkosten sind nach Ansicht von Mayer keine derartigen Tendenzaussagen bzgl. der Auswirkungen von Prozeßmengenveränderungen möglich.

Für jede der drei Kostenkategorien soll aus Erfahrungswerten des Unternehmens ein Kostenreagibilitätsgrad abgeleitet werden, der den Entscheidungsträgern eine Abschätzung der zu erwartenden Kostenveränderungen bei einer Variation der Prozeßmengen gibt.[82] Zu den

---

80 Vgl. Mayer 1998, S. 4 f. und 168

81 Vgl. Mayer 1998, S. 175 ff.

82 Vgl. Mayer 1998, S. 177 ff.; Mayer/Kaufmann 2000, S. 306 f.

zeitgebundenen Nutzungskosten sollen Zusatzinformationen über die dahinterstehenden Eigentums- und Vertragspotentiale hinterlegt werden, die unter anderem Auskunft über das Anschaffungsdatum, die Nutzungsdauer, die monatliche Abschreibung und den aktuellen Restwert von Eigentumspotentialen bzw. das Abschlußdatum, Kündigungszeitpunkte und -fristen sowie monatliche Zahlungen bei Vertragspotentialen geben.[83] Auf diese Weise soll im Einzelfall ein schneller Zugriff auf die entscheidungsrelevanten Daten gewährleistet werden. Im Gegensatz zu Reichmann/Fröhling und Glaser, die in Bezug auf die zeitliche Veränderbarkeit der Kosten nur den Kostenabbau vor Augen haben,[84] betrachtet Mayer explizit auch den Kostenaufbau. Da Ab- und Aufbau von Kapazitäten in der Regel mit unterschiedlichen zeitlichen Restriktionen verbunden sind, werden für beide Fälle unterschiedliche Zeitangaben hinterlegt. Der (rechtlichen) Bindungsdauer beim Kostenabbau entspricht die sog. Verzögerungszeit (= Zeitspanne zwischen der Entscheidung zur Kapazitätserweiterung und ihrem Wirksamwerden) beim Kostenaufbau.[85]

Die aus der von Mayer vorgenommenen Kostenkategorisierung resultierenden Prozeßkostensätze im Beispiel zeigt Tabelle 14. Die Gesamtprozeßkostensätze ergeben sich durch die proportionale Verteilung der lmn-Kosten auf die lmi-Kosten je Teilprozeß und Kostenkategorie.

Die Kalkulation der Herstellkosten orientiert sich an der funktionsbezogenen Gliederung der klassischen Zuschlags- bzw. Verrechnungssatzkalkulation. Die Verrechnung der Vertriebsgemeinkosten erfolgt hingegen kundenbezogen in einer Deckungsbeitragsrechnung. In beiden Rechnungen werden die Prozeßkosten nach den drei unterschiedenen Kostenkategorien differenziert ausgewiesen (vgl. Abbildung 7). Die Kosten von Prozessen ohne Produktbezug und die Kosten solcher Kostenstellen, für die keine Prozesse gebildet werden, werden nicht auf die Produkteinheiten verrechnet, sondern gehen direkt in die Ergebnisrechnung ein.[86] Was die Behandlung der lmn-

83 Vgl. Mayer 1998, S. 180 ff.; Mayer/Kaufmann 2000, S. 306
84 Vgl. explizit Reichmann/Fröhling 1993, S. 65; Reichmann/Fröhling 1998, S. 65
85 Vgl. Mayer 1998, S. 82 f.
86 Vgl. Mayer 1998, S. 184 ff.; Mayer/Kaufmann 2000, S. 310 ff.

Kosten anbetrifft, so empfiehlt Mayer grundsätzlich die Verwendung der Gesamtprozeßkostensätze. Dieser Empfehlung wird auch hier im Beispiel gefolgt. Je nach Entscheidungssituation können aber auch nur die lmi-Prozeßkostensätze herangezogen werden.[87]

Abbildung 7: Kalkulationsschema im Ansatz von Mayer

	Leistungsabhängige Sachkosten	Personalkosten	Zeitgebundene Nutzungskosten	Gesamtkosten
Materialeinzelkosten + Beschaffungsprozeßkosten				
= Materialkosten				
+ Fertigungseinzelkosten + Fertigungsprozeßkosten (Direkte Fertigungsgemeinkosten) + Fertigungssteuerungsprozeßkosten				
= Fertigungskosten				
= Herstellkosten				

Umsatz – Herstellkosten				
= Deckungsbeitrag I (produktbezogen) – Auftragsabwicklungskosten				
= Deckungsbeitrag II (auftragsbezogen) – Kundenbetreuungskosten				
= Deckungsbeitrag III (kundenbezogen)				

Quelle: In Anlehnung an Mayer 1998, S. 186, 193 und 196

87 Vgl. Mayer 1998, S. 147 ff.

Tabelle 14: Strukturierung der Prozeßkosten und Prozeßkostensätze im Ansatz von Mayer

Teilprozeß	Art	Maßgröße	Prozeß-menge	Prozeßkosten			Prozeßkostensätze lmi			Prozeßkostensätze gesamt		
				Sach-kosten	Personal-kosten	Nutzungs-kosten	Sach-kosten	Personal-kosten	Nutzungs-kosten	Sach-kosten	Personal-kosten	Nutzungs-kosten
Material einlagern	lmi	Anzahl Behälter	2.000	1.755	15.000	8.000	0,88	7,50	4,00	0,88	9,57	4,04
Teilestammdaten pflegen	lmi	Anzahl Teile	25	145	676	14	5,80	27,03	0,54	5,80	34,48	0,55
Kostenstelle leiten	lmn	–	–	0	4.324	86						
Reihenfolgeplanung durchführen	lmi	Anzahl Arbeitsgänge	720	360	10.000	400	0,50	13,89	0,56	0,50	20,69	0,83
Arbeitsgangpläne pflegen	lmi	Anzahl Produkte	2	40	68	3	20,00	34,25	1,37	20,00	51,02	2,04
Kostenstelle leiten	lmn	–	–	0	4.932	197						
Ware kommissionieren	lmi	Anzahl Kundenaufträge	750	750	6.000	4.200	1,00	8,00	5,60	1,00	10,00	5,60
Ware versenden	lmi	Anzahl Kundenaufträge	750	2.250	4.000	2.800	3,00	5,33	3,73	3,00	6,67	3,73
Kostenstelle leiten	lmn	–	–	0	2.500	0						

Um die Vergleichbarkeit mit den übrigen Modellen zu gewährleisten, wird die Kalkulation im Beispiel abweichend von Abbildung 7 um die Vertriebsgemeinkosten (die in diesem Fall nur die Distributionslogistikkosten beinhalten) verlängert und bis zu den Selbstkosten fortgeführt (vgl. Tabelle 15). Das ist möglich, da im Beispiel von durchschnittlichen Auftragsgrößen ausgegangen wird, während Mayer mit kundenindividuellen Auftragsgrößen rechnet. Weitere Abweichungen zum Vorgehen von Mayer bestehen zum einen in der Kalkulation auf Teilprozeß- statt auf Hauptprozeßebene (die Gründe hierfür wurden bereits dargelegt) und zum anderen in der Tatsache, daß die direkten Fertigungsgemeinkosten nicht, wie in der Kapazitätskostenrechnung vorgesehen, ebenfalls prozeßbezogen und unter Nutzung der oben beschriebenen Kostenkategorien, sondern "klassisch" über Maschinenstundensätze verrechnet werden.

Tabelle 15: Kalkulation von Produkt A im Ansatz von Mayer

Produkt A	Sachk.	Personalk.	Nutzungsk.	Gesamtk.
Materialeinzelkosten				10,00
Beschaffungslogistikgemeinkosten	0,38	4,00	1,62	6,00
Summe Materialkosten	0,38	4,00	1,62	16,00
Fertigungseinzelkosten				12,00
Direkte Fertigungsgemeinkosten				22,00
Produktionslogistikgemeinkosten	0,07	2,51	0,10	2,68
Summe Fertigungskosten	0,07	2,51	0,10	36,68
Herstellkosten	0,45	6,51	1,72	52,68
Distributionslogistikgemeinkosten	0,50	2,08	1,17	3,75
Selbstkosten	**0,95**	**8,59**	**2,89**	**56,43**

Die von Mayer vorgeschlagene Kostenkategorisierung erinnert stark an die von Weber vorgenommene Differenzierung in leistungs-, beschäftigungsabhängige und (weitgehend) beschäftigungsunabhängige Bereitschaftskosten, hat jedoch den Nachteil, daß die hier vorgenommene Einteilung nicht trennscharf in Bezug auf die dahinterstehenden Kostenverläufe ist. So können Personalkosten und zeitabhängige Nutzungskosten in Abhängigkeit von der Prozeßmenge prinzipiell denselben Kostenverlauf aufweisen. Denn wie bereits bei der Erläuterung von Forderung 4 angedeutet, ist ein wesentlicher Einflußfaktor auf das Kostenverhalten beider Kostenkategorien die Frage, ob von dem kostenverursachenden Potentialfaktor, gleichgültig ob Personal oder Betriebsmittel, mehrere Potentiale gleicher Art parallel eingesetzt werden, so daß sie bei rückläufigen Prozeßmengen nacheinander abgebaut oder (falls möglich) für andere Zwecke eingesetzt werden können, oder ob dies nicht der Fall ist, so daß bei einem Rückgang der Prozeßmenge lediglich die Auslastung sinkt. Im erstgenannten Fall liegen beschäftigungsabhängige Bereitschaftskosten bzw. sprungfixe Kosten, im zweiten Fall hingegen beschäftigungsunabhängige Bereitschaftskosten bzw. absolut fixe Kosten vor, und zwar unabhängig von der Art des genutzten Potentialfaktors. Bei Personalkosten kann es sich außerdem auch um variable Kosten handeln, wenn z.B. Aushilfskräfte stundenweise (und damit beschäftigungsabhängig) bezahlt werden.

Obwohl der getrennte Ausweis der drei Kostenkategorien in der Kalkulation eine flexible Informationsbereitstellung für unterschiedliche Fragestellungen und Entscheidungshorizonte erlaubt, werden, wie die obigen Ausführungen deutlich machen, die Forderungen 3 und 4 dennoch nicht vollständig erfüllt, da die drei Kostenkategorien nicht vollkommen deckungsgleich mit den dort unterschiedenen Kostenverläufen sind. Das gleiche gilt für Forderung 5, da Angaben über die Bindungsdauer lediglich als Zusatzinformationen bereitgestellt werden und nur für die zeitabhängigen Nutzungskosten, nicht jedoch für die Personalkosten vorgesehen sind. Die unterschiedliche Abhängigkeit der Prozeßkosten von den Ausbringungsmengen der absatzbestimmten Produkte (Forderung 6) wird durch die Übernahme der Differenzierung zwischen Abwicklungs-, Betreuungs- und Vorleistungsprozessen[88] und der Verrechnungsregeln für Prozeßkosten in Abhängigkeit vom Produktbezug der Prozesse[89] aus der Prozeßvollkostenrechnung sowie die Möglichkeit des flexiblen Einbezugs und Ausschlusses von Prozessen bzw. Prozeßkosten in die bzw. aus der Kalkulation[90] implizit berücksichtigt. Nicht erfüllt wird hingegen Forderung 7 (getrennter Ausweis von Nutz- und Leerkosten): Mayer fordert im Gegenteil die vollständige Verteilung der gesamten Kostenstellenkapazitäten auf die Teilprozesse und damit den Ausweis

[88] Vgl. Horváth/Mayer 1993, S. 17
[89] Vgl. Horváth/Mayer 1993, S. 25
[90] Vgl. Mayer 1998, S. 194

sämtlicher Kosten als Nutzkosten.[91] Durch die in keinem Fall vorgesehene Einbeziehung der Kosten von Prozessen ohne Produktbezug sowie der Kosten prozeßunabhängiger Leistungsbereiche in die Kalkulation der Produktkosten werden standardmäßig keine stückbezogenen Vollkosteninformationen bereitgestellt (Forderung 8). Da die Logistik jedoch einen relativ fertigungs- und produktnahen Leistungsbereich darstellt, deren Leistungen zum überwiegenden Teil recht gut strukturierbar und damit in Form von Prozessen abbildbar sind, ist dieser Aspekt hier nur von untergeordneter Bedeutung und im Beispiel auch nicht nachzuvollziehen.

91 Vgl. Mayer 1998, S. 146

8 Die Prozeßteilkostenrechnung nach Dierkes

Ziel der Arbeit von Dierkes ist es, neben der Bereitstellung von planungs- und kalkulationsrelevanten Informationen, welche traditionell die Diskussion um die Prozeßkostenrechnung beherrscht, auch einen Beitrag zur Lösung der (allerdings nicht im Vordergrund dieser Untersuchung stehenden) Kontrollaufgabe in den indirekten Leistungsbereichen zu leisten.[92] Da nur eine Teilkostenrechnung dieser Aufgabe in vollem Umfang gerecht werden kann, nimmt Dierkes bei den leistungsmengeninduzierten Teilprozessen in Abhängigkeit von der Veränderlichkeit der Kosten bei einer Variation der Prozeßmengen eine Spaltung der Prozeßkosten in variable, von der Prozeßmenge abhängige und fixe, von der Prozeßmenge unabhängige Kosten vor. Zusätzlich werden die Prozeßmengen im Hinblick auf ihre Abhängigkeit von der Ausbringungsmenge der absatzbestimmten Produkte untersucht.[93] Leistungsmengeninduzierte Teilprozesse, deren Prozeßmengen in einem hinreichenden Zusammenhang zu den Produktmengen stehen, werden als beschäftigungsabhängig, die übrigen als beschäftigungsunabhängig bezeichnet. Die Kosten leistungsmengenneutraler Teilprozesse gelten grundsätzlich als beschäftigungsunabhängig und fix, da sie weder mit der Produktions- und Absatzmenge noch mit dem Leistungsvolumen der Kostenstelle variieren.

Die Fixkosten einer Kostenstelle werden den Teilprozessen nur im Ausmaß der tatsächlich für die Bewältigung der (geplanten) Prozeßmengen benötigten Kapazitäten zugerechnet (Nutzkosten), während die Kosten nicht genutzter Kapazitäten einer Kostenstelle nicht auf die Teilprozesse verrechnet, sondern kostenstellenbezogen als Leerkosten ausgewiesen werden.[94] Eine weitergehende Unterteilung der fixen Kosten nach ihrer Bindungsdauer ist im Ansatz von Dierkes standardmäßig nicht vorgesehen, sondern bleibt fallweisen Analysen vorbehalten.[95]

---

[92] Vgl. Dierkes 1998, S. 2
[93] Vgl. Dierkes 1998, S. 14 ff.
[94] Vgl. Dierkes 1998, S. 19 ff.
[95] Vgl. Dierkes 1998, S. 13 f.

Bei der Verrechnung von Prozeßkosten auf die Produkteinheiten wird zwischen kurz- und langfristigen Entscheidungen unterschieden. Für kurzfristige Entscheidungen sind nur die variablen Kosten der beschäftigungsabhängigen lmi-Teilprozesse zu berücksichtigen, für langfristige Entscheidungen ist zusätzlich die Einbeziehung der fixen Kosten dieser Prozesse vorgesehen, sofern sie innerhalb des Planungszeitraums abbaubar sind. Daher werden beide Arten von Prozeßkosten in der Kalkulation getrennt voneinander ausgewiesen. Die Kosten der beschäftigungsunabhängigen lmi-Teilprozesse, der lmn-Teilprozesse sowie die Leerkosten werden niemals auf die Produkteinheiten verrechnet, sondern gehen direkt in die als mehrstufige Deckungsbeitragsrechnung gestaltete Kostenträgerzeitrechnung ein,[96] deren Aufbau in Abbildung 8 dargestellt ist. Um Kostenverzerrungen durch die Zusammenfassung von Teilprozessen mit unterschiedlichen Maßgrößen zu einem Hauptprozeß zu vermeiden, wird die Kalkulation ausschließlich auf Teilprozeßebene durchgeführt.[97]

Abbildung 9 stellt die von Dierkes vorgenommene Unterscheidung von Prozessen und Prozeßkosten sowie die Verrechnungsregeln für die Kalkulation noch einmal graphisch dar. Die Leerkosten finden in der Abbildung keine Berücksichtigung, da sie nicht auf die Prozesse verrechnet werden.

Im Beispiel wären die Teilprozesse "Teilestammdaten pflegen" und "Arbeitsgangpläne pflegen" als beschäftigungsunabhängig anzusehen und deren Kosten folglich nicht auf die Produkteinheiten zu verrechnen. Unter Verwendung der in Tabelle 16 dargestellten Prozeßkostensätze ergeben sich die in Tabelle 17 wiedergegebenen kurzfristig und langfristig entscheidungsrelevanten Stückkosten für Produkt A. Leerkosten finden im Beispiel keine Berücksichtigung, d.h. es wird davon ausgegangen, daß die Kostenstellenkapazitäten bei Realisierung der angegebenen Prozeßmengen voll ausgelastet sind.

96 Vgl. Dierkes 1998, S. 12 ff.
97 Vgl. Dierkes 1998, S. 58 ff.

Abbildung 8: Mehrstufige Deckungsbeitragsrechnung im Ansatz von Dierkes

	Produktgruppe →	1			2	
	Produktart →	1	2	3	4	5
	Absatzpreis					
–	variable Stückkosten im direkten Leistungsbereich					
–	variable prozeßbasierte (beschäftigungsabhängige) Stückkosten					
=	Stückdeckungsbeitrag I					
–	fixe prozeßbasierte (beschäftigungsabhängige) Stückkosten bzw. Nutzkosten je Mengeneinheit					
=	Stückdeckungsbeitrag Ia					
•	Absatzmenge					
=	Deckungsbeitrag I je Produktart					
	Deckungsbeitrag Ia je Produktart					
–	Erzeugnisfixkosten im direkten Leistungsbereich					
–	Erzeugnisfixkosten im indirekten Leistungsbereich: beschäftigungsunabhängige lmi-Teilprozeßkosten lmn-Teilprozeßkosten Leerkosten					
=	Deckungsbeitrag II je Produktart					
	Deckungsbeitrag II je Produktgruppe					
–	Erzeugnisgruppenfixkosten im direkten Leistungsbereich					
–	Erzeugnisgruppenfixkosten im indirekten Leistungsbereich: beschäftigungsunabhängige lmi-Teilprozeßkosten lmn-Teilprozeßkosten Leerkosten					
=	Deckungsbeitrag III je Produktgruppe					
	Deckungsbeitrag III des Unternehmens					
–	Unternehmensfixkosten im direkten Leistungsbereich					
–	Unternehmensfixkosten im indirekten Leistungsbereich: beschäftigungsunabhängige lmi-Teilprozeßkosten lmn-Teilprozeßkosten Leerkosten					
=	Deckungsbeitrag IV bzw. Periodenerfolg des Unternehmens					

Quelle: In Anlehnung an Dierkes 1998, S. 78

Abbildung 9: Unterscheidung von Prozessen und Prozeßkosten im Ansatz von Dierkes

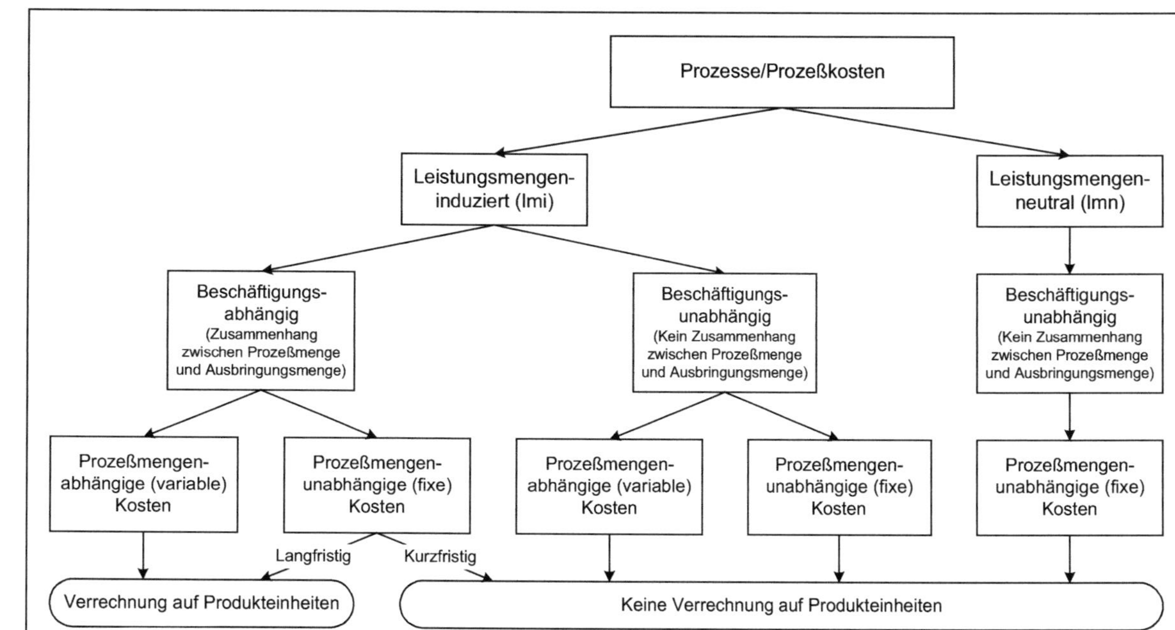

Quelle: In Anlehnung an Dierkes 1998, S. 17

Tabelle 16: Strukturierung der Prozeßkosten und Prozeßkostensätze im Ansatz von Dierkes

Teilprozeß	Art	Maßgröße	Prozeß-menge	Prozeß-kosten variabel	Prozeß-kosten fix	Prozeß-kostensatz variabel	Prozeß-kostensatz fix	Prozeß-kostensatz gesamt
Material einlagern	lmi	Anzahl Behälter	2.000	2.255	18.750	1,13	9,38	10,50
Teilestammdaten pflegen	lmi	Anzahl Teile	25	145	598	5,80	23,91	29,71
Kostenstelle leiten	lmn	–	–	0	3.825			
Leerkosten				0	4.427			
Reihenfolgeplanung durchführen	lmi	Anzahl Arbeitsgänge	720	360	7.800	0,50	10,83	11,33
Arbeitsgangpläne pflegen	lmi	Anzahl Produkte	2	40	65	20,00	32,50	52,50
Kostenstelle leiten	lmn	–	–	0	4.680			
Leerkosten				0	3.055			
Ware kommissionieren	lmi	Anzahl Kundenaufträge	750	1.050	9.668	1,40	12,89	14,29
Ware versenden	lmi	Anzahl Kundenaufträge	750	2.450	6.445	3,27	8,59	11,86
Kostenstelle leiten	lmn	–	–	0	2.500			
Leerkosten				0	387			

Tabelle 17: Kalkulation von Produkt A im Ansatz von Dierkes

Produkt A	**Kosten**
Variable Stückkosten im direkten Leistungsbereich	
Materialeinzelkosten	10,00
Fertigungseinzelkosten	12,00
Direkte Fertigungsgemeinkosten	3,10
Variable prozeßbasierte Stückkosten	
Beschaffungslogistik	0,45
Produktionslogistik	0,06
Distributionslogistik	0,58
Kurzfristig entscheidungsrelevante Stückkosten	**26,19**
Fixe prozeßbasierte Stückkosten	
Beschaffungslogistik	3,75
Produktionslogistik	1,30
Distributionslogistik	2,69
Langfristig entscheidungsrelevante Stückkosten	**33,93**

Durch die strikte Trennung zwischen variablen und fixen Prozeßkosten (Forderung 3) und die ausschließliche Verrechnung der beschäftigungsabhängigen, d.h. von den Ausbringungsmengen der absatzbestimmten Produkte abhängigen variablen und fixen Nutzkosten auf die Produkteinheiten (Forderungen 6 und 7) ist der Ansatz von Dierkes sehr gut zur Unterstützung kurzfristiger Entscheidungen geeignet. Für die gleichzeitige Unterstützung längerfristiger Entscheidungen wäre eine weitergehende Differenzierung der Fixkosten nach ihrer Anpassungsfähigkeit an veränderte Prozeßmengen (Forderung 4) und ihrer Bindungsdauer (Forderung 5) wünschenswert. Die differenzierten Verrechnungsregeln haben zur Folge, daß in der Kalkulation stets Teilkosten ausgewiesen werden; die gleichzeitige Bereitstellung von Vollkosteninformationen ist im Ansatz von Dierkes nicht vorgesehen (Forderung 8).

9 Die prozeßkonforme Grenzplankostenrechnung nach Müller

Angestoßen durch die Anfang der 90er Jahre intensiv und kontrovers geführte Diskussion über die (Grundform der) Prozeßkostenrechnung demonstrieren Mitarbeiter der Plaut-Gruppe, wie eine der zentralen Ideen der Prozeßkostenrechnung, auch in den indirekten Leistungsbereichen direkte Bezugsgrößen für die Kalkulation zu verwenden, in das System der Grenzplankostenrechnung integriert werden kann.[98] Die Überlegungen werden anschließend von Müller, ebenfalls einem Mitarbeiter der Plaut-Gruppe, zu einem geschlossenen Konzept zusammengeführt, das er als prozeßkonforme Grenzplankostenrechnung bezeichnet. Die prozeßkonforme Grenzplankostenrechnung erhebt den Anspruch, (basierend auf der "klassischen" Grenzplankostenrechnung) eine universelle kosten- und erlösrechnerische Plattform zur Integration aller möglichen "neueren" Entwicklungen auf dem Gebiet der Kostenrechnung wie Prozeßkostenrechnung oder Target Costing zu bieten und so eine flexible Anpassung des internen Rechnungswesens von Industrieunternehmen an die sich ständig verändernde Unternehmensumwelt zu ermöglichen.[99]

Die prozeßkonforme Grenzplankostenrechnung nimmt wie die "originäre" Grenzplankostenrechnung eine Kostenspaltung nach der Beschäftigungsabhängigkeit in fixe und proportionale Bestandteile vor. Die wesentlichen, für diese Untersuchung relevanten Unterschiede zum Verfahren von Kilger und Plaut betreffen

- die Verwendung prozeßbezogener Kostenverrechnungssätze für die (produktnahen) indirekten Leistungsbereiche (so weit wie möglich),[100]
- die parallele Verrechnung auch der Fixkosten auf die Erzeugniseinheiten, wobei keine Kosten der Unter- oder Überbeschäftigung verrechnet werden,[101] sowie
- die (optionale) Durchführung einer Primärkostenkalkulation mit dem Ziel einer nach Primärkosten gegliederten Kostenträgerrechnung durch den weitgehenden Verzicht auf die Bildung zu-

[98] Vgl. Herzog/Assmann 1993, S. 10 f.; Herzog 1993, S. 49

[99] Vgl. Müller 1993, S. 133 und 134; Müller 1994, S. 112, 115 und 118

[100] Vgl. Müller 1996, S. 319 ff.

[101] Vgl. Müller 1996, S. 478 ff.; Raps/Nuppeney 1993, S. 147 ff.; Herzog 1993, S. 50

sammengesetzter Kostenarten,[102] wodurch "die in den gebräuchlichen Kalkulationsverfahren, und zwar sowohl bei der Zuschlagskalkulation als auch bei der prozeßorientierten Kalkulation, unstrukturierten und bezüglich ihrer Zusammensetzung nicht aussage- und analysefähigen summarischen" Kosteninformationen vermieden werden sollen.[103]

Das Kalkulationsschema orientiert sich in der Zeilenstruktur am Aufbau der klassischen Zuschlags- und Verrechnungssatzkalkulation, wobei die Kalkulation in vielen Veröffentlichungen zur prozeßkonformen Grenzplankostenrechnung nur bis zu den Herstellkosten geführt wird; die Distributionslogistikkosten als Bestandteil der Vertriebsgemeinkosten gehen dann in eine (gestufte) Deckungsbeitragsrechnung ein.[104] Neben den proportionalen Kosten werden in einer zusätzlichen Spalte die Gesamtkosten (Vollkosten) ausgewiesen. In weiteren Spalten können die (gesamten und proportionalen) Kosten in mengenproportionale (stückbezogene), auftragsbezogene (losbezogene) und lebenszyklusbezogene Bestandteile aufgeteilt (vgl. Abbildung 10) oder die produktbezogen verrechneten Primärkosten ausgewiesen werden (vgl. Abbildung 11). Um die Übersichtlichkeit nicht zu gefährden, schlägt Müller dabei eine Begrenzung auf 10 bis 20 Primärkostenarten(gruppen) vor.[105]

Schließlich ist auf die von den Autoren angeregte Kennzeichnung der Kostenarten im Hinblick auf deren (kurzfristige) Abbaubarkeit und Ausgabenwirksamkeit hinzuweisen.[106] Da in der prozeßkonformen Grenzplankostenrechnung der variable Kostenbegriff Kilgers zugrundegelegt wird und somit nicht alle variablen Kosten automatisch mit der Beschäftigung variieren, kann es hier auch kurzfristig nicht abbaubare variable Kosten geben.

---

102 Vgl. Müller 1996, S. 321 ff.; Herzog 1991, S. 129 f.; Raps/Nuppeney 1993, S. 152 f.

103 Müller 1996, S. 381

104 Vgl. z.B. Raps/Nuppeney 1993, S. 152 ff.; Herzog 1991; Herzog 1993; Sahl 1994

105 Vgl. Müller 1996, S. 324

106 Vgl. Herzog 1991, S. 131 f.; Raps/Nuppeney 1993, S. 153

Abbildung 10: Kalkulationsschema in der prozeßkonformen Grenzplankostenrechnung (Variante 1)

		Proportionale Kosten	Gesamtkosten	mengen-proportional		auftrags-bezogen		lebens-zyklus-bezogen	
				Proportional	Gesamt	Proportional	Gesamt	Proportional	Gesamt
	Materialeinzelkosten								
+	Materialbereitstellungskosten								
=	Materialkosten								
+	Fertigungskosten (Einzel- und direkte Gemeinkosten)								
+	Fertigungsunterstützungskosten								
+	Sondereinzelkosten der Fertigung								
=	Fertigungskosten								
=	Herstellkosten								
+	Verwaltungskosten								
+	Vertriebskosten								
+	Sondereinzelkosten des Vertriebs								
=	Selbstkosten								

Quelle: Vgl. Raps/Nuppeney 1993, S. 147 und 154

Im Beispiel ergeben sich die in Tabelle 18 dargestellten (partiellen) Prozeßkostensätze. Die parallele Grenz- und Vollkostenkalkulation für Produkt A kann entweder die in Tabelle 19 oder die in Tabelle 20 wiedergegebene Gestalt annehmen. Die lmn-Kosten wurden dabei in Ermangelung diesbezüglicher Aussagen seitens der Autoren als prozentualer Aufschlag auf die zugerechneten lmi-Kosten des jeweiligen Kalkulationsbereichs auf die Produkteinheiten verrechnet und vor dem Hintergrund, daß Müller, wie oben ausgeführt, besonderen Wert auf die Kostentransparenz in der Kalkulation legt, gesondert ausgewiesen. Da das Beispiel keine lebenszyklusbezogenen Prozesse enthält, fehlt die entsprechende Spalte in Tabelle 19; statt dessen werden die (von den Autoren der Plaut-Gruppe nicht thematisierten) periodenbezogenen Kosten der Teilprozesse "Teilestammdaten pflegen" und "Arbeitsgangpläne pflegen" in einer gesonderten Spalte ausgewiesen.

Abbildung 11: Kalkulationsschema in der prozeßkonformen Grenzplankostenrechnung (Variante 2)

	Variable Kosten					Gesamtkosten				
	Summe	Materialkosten	Personalkosten	Energiekosten	Abschreibungen	Summe	Materialkosten	Personalkosten	Energiekosten	Abschreibungen
Materialeinzelkosten + Materialgemeinkosten/Prozeßkosten für Materialbereitstellung										
= Materialkosten										
+ Fertigungseinzelkosten + Fertigungsunterstützungskosten + Sondereinzelkosten Fertigung										
= Fertigungskosten										
= Herstellkosten										
+ Verwaltungsgemeinkosten + Vertriebsgemeinkosten + Sondereinzelkosten Vertrieb										
= Selbstkosten										

Quelle: Vgl. Müller 1996, S. 325 und 344

Die Unterscheidung zwischen stück-, auftrags- und lebenszyklusbezogenen (Prozeß-) Kosten gibt Auskunft über die Ausbringungsmengenabhängigkeit der jeweiligen (Prozeß-) Kosten und trägt somit zur Erfüllung von Forderung 6 bei. Auch die übrigen zu Beginn der Untersuchung formulierten Anforderungen werden bis auf eine Ausnahme erfüllt. Diese betrifft die Trennung zwischen sprungfixen und absolut fixen (Prozeß- bzw. Logistik-) Kosten (Forderung 4). Die angeregte Kennzeichnung der Kostenarten im Hinblick auf ihre (kurzfristige) Abbaubarkeit trägt zur Erfüllung von Forderung 5 bei, ein standardmäßiger Ausweis der unterschiedlichen zeitlichen Disponierbarkeit der Kostenbestandteile in der Kalkulation erfolgt jedoch nicht. Ein gewisses Alleinstellungsmerkmal der prozeßkonformen Grenzplankostenrechnung ist sicherlich der konsequente Primärkostenausweis bis in die Kalkulation hinein, dessen Nutzen allerdings kritisch zu hinterfragen ist, da trotz der vorgeschlagenen Begrenzung der Anzahl der auszuweisenden Primärkostenarten die damit verbundene Gefahr einer Informationsüberflutung nicht übersehen werden darf.

Tabelle 18: Strukturierung der Prozeßkosten und Prozeßkostensätze in der prozeßkonformen Grenzplankostenrechnung

Teilprozeß	Art	Maßgröße	Prozeß-menge	Prozeßkosten variabel					Prozeßkosten gesamt				
				Personal-kosten	Anlagen-kosten	Material-kosten	Energie-kosten	Summe	Personal-kosten	Anlagen-kosten	Material-kosten	Energie-kosten	Summe
Material einlagern	lmi	Anzahl Behälter	2.000	0	500	495	1.260	2.255	12.500	6.750	495	1.260	21.005
Teilestammdaten pflegen	lmi	Anzahl Teile	25	0	0	5	140	145	586	12	5	140	743
Kostenstelle leiten	lmn	–	–	0	0	0	0	0	3.750	75	0	0	3.825
Leerkosten				0	0	0	0	0	3.164	1.263	0	0	4.427
Reihenfolgeplanung durchführen	lmi	Anzahl Arbeitsgänge	720	0	0	135	225	360	7.500	300	135	225	8.160
Arbeitsgangpläne pflegen	lmi	Anzahl Produkte	2	0	0	15	25	40	63	3	15	25	105
Kostenstelle leiten	lmn	–	–	0	0	0	0	0	4.500	180	0	0	4.680
Leerkosten				0	0	0	0	0	2.938	118	0	0	3.055
Ware kommissionieren	lmi	Anzahl Kundenaufträge	750	0	300	0	750	1.050	5.859	4.109	0	750	10.718
Ware versenden	lmi	Anzahl Kundenaufträge	750	0	200	1.500	750	2.450	3.906	2.739	1.500	750	8.895
Kostenstelle leiten	lmn	–	–	0	0	0	0	0	2.500	0	0	0	2.500
Leerkosten				0	0	0	0	0	234	152	0	0	387

Teilprozeß	Art	Maßgröße	Prozeß-menge	Prozeßkostensätze variabel					Prozeßkostensätze gesamt				
				Personal-kosten	Anlagen-kosten	Material-kosten	Energie-kosten	Summe	Personal-kosten	Anlagen-kosten	Material-kosten	Energie-kosten	Summe
Material einlagern	lmi	Anzahl Behälter	2.000	0,00	0,25	0,25	0,63	1,13	6,25	3,38	0,25	0,63	10,50
Teilestammdaten pflegen	lmi	Anzahl Teile	25	0,00	0,00	0,20	5,60	5,80	23,44	0,47	0,20	5,60	29,71
Kostenstelle leiten	lmn	–	–										
Reihenfolgeplanung durchführen	lmi	Anzahl Arbeitsgänge	720	0,00	0,00	0,19	0,31	0,50	10,42	0,42	0,19	0,31	11,33
Arbeitsgangpläne pflegen	lmi	Anzahl Produkte	2	0,00	0,00	7,50	12,50	20,00	31,25	1,25	7,50	12,50	52,50
Kostenstelle leiten	lmn	–	–										
Ware kommissionieren	lmi	Anzahl Kundenaufträge	750	0,00	0,40	0,00	1,00	1,40	7,81	5,48	0,00	1,00	14,29
Ware versenden	lmi	Anzahl Kundenaufträge	750	0,00	0,27	2,00	1,00	3,27	5,21	3,65	2,00	1,00	11,86
Kostenstelle leiten	lmn	–	–										

Tabelle 19: Kalkulation von Produkt A in der prozeßkonformen Grenzplankostenrechnung (Variante 1)

Produkt A	Kosten		stückbezogen		losbezogen		periodenbezogen	
	variabel	gesamt	variabel	gesamt	variabel	gesamt	variabel	gesamt
Materialeinzelkosten	10,00	10,00	10,00	10,00				
Beschaffungslogistikgemeinkosten lmi	0,48	4,35			0,45	4,20	0,03	0,15
Beschaffungslogistikgemeinkosten lmn		0,77						
Summe Materialkosten	10,48	15,11	10,00	10,00	0,45	4,20	0,03	0,15
Fertigungseinzelkosten	12,00	12,00	12,00	12,00				
Direkte Fertigungsgemeinkosten	3,10	22,00	3,10	22,00				
Produktionslogistikgemeinkosten lmi	0,07	1,39			0,06	1,36	0,01	0,03
Produktionslogistikgemeinkosten lmn		0,78						
Summe Fertigungskosten	15,17	36,17	15,10	34,00	0,06	1,36	0,01	0,03
Herstellkosten	25,65	51,29	25,10	44,00	0,51	5,56	0,04	0,17
Distributionslogistikgemeinkosten lmi	0,58	3,27			0,58	3,27		
Distributionslogistikgemeinkosten lmn		0,42						
Selbstkosten	**26,23**	**54,97**	**25,10**	**44,00**	**1,09**	**8,83**	**0,04**	**0,17**

Tabelle 20: Kalkulation von Produkt A in der prozeßkonformen Grenzplankostenrechnung (Variante 2)

Produkt A	Variable Kosten					Gesamtkosten				
	Summe	Personalk.	Anlagenk.	Materialk.	Energiek.	Summe	Personalk.	Anlagenk.	Materialk.	Energiek.
Materialeinzelkosten	10,00			10,00		10,00			10,00	
Beschaffungslogistikgemeinkosten lmi	0,48	0,00	0,10	0,10	0,28	4,35	2,62	1,35	0,10	0,28
Beschaffungslogistikgemeinkosten lmn						0,77	0,77			
Summe Materialkosten	10,48	0,00	0,10	10,10	0,28	15,11	3,38	1,35	10,10	0,28
Fertigungseinzelkosten	12,00	12,00				12,00	12,00			
Direkte Fertigungsgemeinkosten	3,10					22,00				
Produktionslogistikgemeinkosten lmi	0,07	0,00	0,00	0,03	0,04	1,39	1,27	0,05	0,03	0,04
Produktionslogistikgemeinkosten lmn						0,78	0,78			
Summe Fertigungskosten	15,17	12,00	0,00	0,03	0,04	36,17	14,05	0,05	0,03	0,04
Herstellkosten	25,65	12,00	0,10	10,13	0,32	51,29	17,43	1,40	10,13	0,32
Distributionslogistikgemeinkosten lmi	0,58	0,00	0,08	0,25	0,25	3,27	1,63	1,14	0,25	0,25
Distributionslogistikgemeinkosten lmn						0,42	0,42			
Selbstkosten	**26,23**	**12,00**	**0,18**	**10,38**	**0,57**	**54,97**	**19,48**	**2,54**	**10,38**	**0,57**

10 Zusammenfassende Beurteilung der untersuchten Ansätze

Wie Abbildung 12 zeigt, werden weder die Logistikkostenrechnung nach Weber noch die vorgestellten Weiterentwicklungen der Prozeßkostenrechnung allen Anforderungen an eine logistikgerechte Kostenrechnung gerecht. Daher wird im folgenden Kapitel ein Rechenmodell entwickelt, das alle in Kapitel 2 formulierten und in Abbildung 12 zusammengefaßten Anforderungen erfüllt.

Abbildung 12: Gegenüberstellung der Ansätze zur Logistikkostenrechnung

Anforderung	**Weber**	**Reichmann/Fröhling**	**Glaser**	**Mayer**	**Dierkes**	**Müller**
1. Verwendung leistungsbezogener Bezugsgrößen	x	o	x	x	x	x
2. Betrachtung abteilungsübergreifender Prozesse	–	x	x	x	x	x
3. Trennung zwischen fixen und variablen Kosten	x	x	–	o	x	x
4. Differenzierung der fixen Kosten nach der Anpassungsfähigkeit an veränderte Leistungsmengen	o	–	–	o	–	–
5. Differenzierung der fixen Kosten nach der Bindungsdauer	o	x	x	o	o	o
6. Differenzierung in ausbringungsmengenabhängige und -unabhängige Kosten	–	–	x	x	x	x
7. Trennung zwischen Nutz- und Leerkosten	–	–	–	–	x	x
8. Kombinierte Voll- und Teilkostenrechnung	x	x	x	–	–	x
9. Berücksichtigung der Ausgabewirksamkeit der Kosten	–	–	–	–	–	x

x = erfüllt; o = teilweise erfüllt; – = nicht erfüllt

11 Entwicklung einer anforderungsgerechten Logistikkostenrechnung

Um alle Anforderungen an eine aussagefähige Logistikkostenrechnung zu erfüllen, wird als Basis das Modell von Dierkes gewählt, da dieses von allen in Frage kommenden Ansätzen das beste Verhältnis zwischen dem Erfüllungsgrad der in Kapitel 2 formulierten Anforderungen und dem Komplexitätsgrad der Rechnung aufweist. Aus dem Ansatz werden insbesondere die Trennung zwischen variablen und fixen (Prozeß-) Kosten, Nutz- und Leerkosten innerhalb der Fixkosten sowie beschäftigungsab- und -unabhängigen Kosten übernommen, wobei das zuletzt genannte Begriffspaar im folgenden durch die Begriffe ausbringungsmengenab- und -unabhängig ersetzt wird, um Verwechslungen mit der Beschäftigungsabhängigkeit der Kosten auf Prozeßebene, d.h. der Prozeßmengenabhängigkeit der Kosten zu vermeiden. Ergänzend wird eine weitergehende Unterteilung der Fixkosten nach ihrer Prozeßmengenabhängigkeit in sprungfixe und absolut fixe Kosten vorgenommen, wie sie von Weber diskutiert wird.

Um Kosteninformationen für unterschiedliche Entscheidungshorizonte liefern zu können, werden die sprungfixen Logistikkosten in Anlehnung an Reichmann/Fröhling und Glaser weiter nach ihrer zeitlichen Disponierbarkeit untergliedert. Die dabei zugrundezulegende Zeiteinteilung ist in Abhängigkeit vom gewünschten Detaillierungsgrad der Kosteninformationen und den hinsichtlich der zeitlichen Beeinflußbarkeit vorherrschenden Kostenstrukturen unternehmensindividuell zu spezifizieren. Die im Beispiel verwendete Dreiteilung in kurz-, mittel- und langfristig abbaubare Kosten kann dabei je nach Bedarf verfeinert oder vergröbert werden. Um die Komplexität der Rechnung so niedrig wie möglich zu halten, kann beispielsweise auch nur zwischen unterjährig (kurzfristig) und überjährig (langfristig) abbaubaren Kosten differenziert werden. Im Falle des Kapazitäts- und Kostenaufbaus sind die Angaben zur zeitlichen Veränderbarkeit (anders als bei Mayer) als Zeitspanne zu interpretieren, die notwendig sein wird, um die mit den zusätzlichen Potentialfaktoren verbundenen Kosten zu einem späteren Zeitpunkt wieder abzubauen, falls die Kapazitäten wieder auf ein niedrigeres Niveau zurückgeführt werden sollen. Andernfalls wären, wie in Kapitel 7 erläutert, für die Fälle des Kostenauf- und -abbaus aufgrund der meist unterschiedlichen zeitlichen Restriktionen, welche mit einem Kapazitätsauf- und -abbau verbunden sind, jeweils unterschiedliche Zeitangaben zu hinterlegen, was die Komplexität der Rechnung enorm erhöhen würde. Da die Bindungsdauer von Eigentumspotentialen von der Liquidierbarkeit der entsprechenden Anlagegüter abhängt und somit weit weniger sicher und genau quantifizierbar ist als die von Vertragspotentialen, bietet es sich unter Umständen an, eine weitere Kostenkategorie für Kosten mit unbestimmter Bindungsdauer zu bilden. Eine weitere Untergliederung der absolut fixen Logistikkosten nach der Bindungsdauer erscheint aufgrund der generell fehlenden Anpaßbarkeit dieser Kosten an veränderte logistische Leistungsvolumina nicht zwingend notwendig. Denn ein Abbau dieser Kosten wäre gleichbedeutend mit einer Senkung des Betriebsbereitschaftsgrades des entsprechenden Bereichs auf Null, was angesichts der Tatsache, daß die logistischen Leistungsbereiche in der Regel von mehreren oder sogar allen Produkten des Unternehmens in Anspruch genommen werden, aber nicht in Frage kommt. Eine weitere Strukturierung der absolut fixen Logistikkosten nach ihrer zeitlichen Disponierbarkeit würde die Komplexität der Rechnung daher nur unnötig erhöhen, da die damit verbundenen Informationen praktisch wertlos sind.

Aus diesen Überlegungen ergibt sich die in Abbildung 13 dargestellte (wünschenswerte, den Forderungen 3-7 entsprechende) Differenzierung von Logistikkosten. In Bezug auf die Kostenstellenrechnung bezieht sie sich gleichermaßen auf Nutz- und Leerkosten; im Hinblick auf die Kalkulation gilt sie jedoch nur für die Nutzkosten, da die Leerkosten gemäß Forderung 7 nicht auf die Prozesse verrechnet werden, sondern auf den Kostenstellen verbleiben. Auf die Bildung der gestrichelt eingezeichneten Kostenkategorien kann aus Komplexitätsgründen ggf. auch verzichtet werden. Die sofort abbaubaren Fixkosten sind dann ebenso wie die mittelfristig disponierbaren den kurzfristig beeinflußbaren Kosten und die Fixkosten mit unbestimmter Bindungsdauer gemäß dem geschätzten Zeitbedarf für die Liquidierung der zugehörigen Potentialfaktoren entweder den kurz-, mittel- oder langfristig abbaubaren Kosten zuzuordnen.

Abbildung 13: Wünschenswerte Differenzierung von Logistikkosten

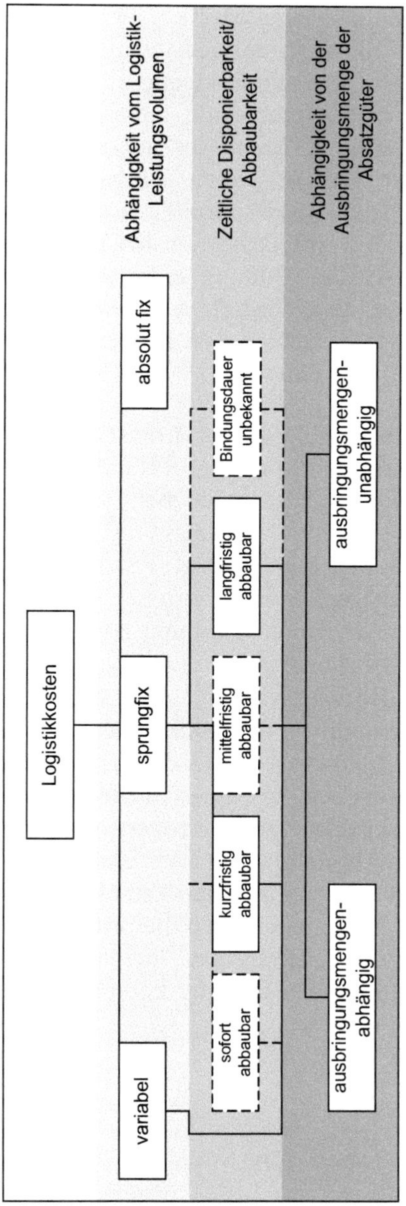

Logistikkosten

variabel

sprungfix

absolut fix

Abhängigkeit vom Logistik-Leistungsvolumen

sofort abbaubar

kurzfristig abbaubar

mittelfristig abbaubar

langfristig abbaubar

Bindungsdauer unbekannt

Zeitliche Disponierbarkeit/ Abbaubarkeit

ausbringungsmengen-abhängig

ausbringungsmengen-unabhängig

Abhängigkeit von der Ausbringungsmenge der Absatzgüter

Die Einordnung der Kosten in die Kostenkategorien der oberen und mittleren Ebene von Abbildung 13 ist in der Kostenartenrechnung vorzunehmen. Läßt sich eine Kostenart nicht eindeutig einer Kategorie zuordnen, ist sie entweder in entsprechende Unterkostenarten aufzuspalten, was allerdings je nach Anzahl der aufzuspaltenden Kostenarten mit einem mehr oder weniger großen Aufwand verbunden ist,[107] oder (auf Kosten der Genauigkeit) derjenigen Kostenkategorie zuordnen, wo der Kostenschwerpunkt dieser Kostenart liegt. Eine dritte Möglichkeit besteht in der Bildung einer zusätzlichen Kategorie "Mischkosten". Zur EDV-technischen Umsetzung der Zuordnung der Kostenarten zu den verschiedenen Kostenkategorien geben Reichmann/Fröhling detaillierte Hinweise.[108]

Die Analyse der Abhängigkeitsbeziehungen der Logistikkosten zu den Ausbringungsmengen der absatzbestimmten Produkte (untere Ebene von Abbildung 13) hat dagegen auf Prozeßebene zu erfolgen. Hierbei bietet sich eine Kombination der Unterscheidung von stück-, los-, erzeugnis(art)- und unternehmensbezogenen Prozessen bzw. Prozeßkosten, wie sie von Cooper/Kaplan vorgenommen wird,[109] mit der von Horváth/Mayer eingeführten Unterscheidung zwischen Abwicklungs-, Betreuungs- und Vorleistungsprozessen[110] und der aus den Verrechnungsregeln nach Horváth/Mayer[111] von Schweitzer/Küpper[112] abgeleiteten Unterscheidung von produktnahen, produktfernen und produktunabhängigen Prozessen und deren Kosten an, wobei bei den erzeugnis(art)bezogenen Prozessen weiter zwischen perioden(mengen)- und lebenszyklus(mengen) bezogenen Prozessen differenziert werden kann (vgl. Abbildung 14). Als ausbringungsmengenabhängig sind dann neben produktnahen, stückbezogenen Abwicklungsprozessen mit Einschränkungen auch die produktnahen, losbezogenen Abwicklungsprozesse anzusehen, deren Ausbringungsmengenabhängigkeit allerdings vom Umfang kompensierender

107 Vgl. dazu Oecking 1994, S. 82 ff.
108 Vgl. Reichmann/Fröhling 1993, S. 65
109 Vgl. Cooper/Kaplan 1991, S. 88 f. sowie ergänzend Schweitzer/Küpper 2011, S. 366
110 Vgl. Horváth/Mayer 1993, S. 17
111 Vgl. Horváth/Mayer 1993, S. 25
112 Vgl. Schweitzer/Küpper 2011, S. 374 f.

Losgrößenanpassungen abhängt. Alle übrigen Prozesse sind hingegen als ausbringungsmengenunabhängig einzustufen.

Abbildung 14: Arten von (Logistik-) Prozessen

	Abwicklungs-prozesse	**Betreuungs-prozesse**	**Vorleistungs-prozesse**
Produktnahe Prozesse	stückbezogen (z.B. Produkte lagern) oder losbezogen (z.B. Fertigungsaufträge steuern)	erzeugnis(art)- und periodenbezogen (z.B. Teile verwalten)	erzeugnis(art)- und lebenszyklusbezogen (z.B. Neuteile einführen)
Produktferne Prozesse		unternehmensbezogen (z.B. Lieferanten betreuen, Kunden betreuen)	
Produkt-unabhängige Prozesse	unternehmensbezogen (z.B. Lohn- und Gehaltsabrechnung durchführen)	unternehmensbezogen (z.B. Personal betreuen)	

Auf die Kostenträgereinheiten werden grundsätzlich nur die ausbringungsmengenabhängigen (variablen und sprungfixen) Nutzkosten verrechnet. Damit jedoch neben Teil- auch Vollkosteninformationen bereitgestellt werden können (Forderung 8), ist für die im Modell von Dierkes nicht in die Kalkulation übernommenen Kostenbestandteile (ausbringungsmengenunabhängige (Nutz-) Kosten und Leerkosten) bei Bedarf ebenfalls eine Verrechnung auf die Produkteinheiten, notfalls über entsprechende Zuschlagssätze vorzusehen.

Für das Beispiel resultieren aus diesen Überlegungen die in Tabelle 21 dargestellte Strukturierung der Prozeßkosten und Prozeßkostensätze sowie der in Tabelle 22 wiedergegebene Kalkulationsaufbau. Zuschlagssätze kommen dabei zur Verrechnung der lmn-Kosten und der Leerkosten zur Anwendung (prozentuale Aufschläge auf die zugerechneten lmi-Kosten bzw. Nutzkosten der Beschaffungs-, Produktions- und Distributionslogistik). Zu beachten ist, daß die Kosten einer Bindungsdauerkategorie hier nicht wie bei Reichmann/Fröhling und Glaser auch die Kosten kürzerer Bindungsdauerkategorien enthalten.

Tabelle 21: Wünschenswerte Strukturierung der Prozeßkosten und Prozeßkostensätze im Beispiel

Teilprozeß	Art	Maßgröße	Prozeß-menge	Prozeßkosten					Prozeßkostensätze				
				variabel	sprungfix kurzfr.	sprungfix mittelfr.	sprungfix langfr.	abs. fix	variabel	sprungfix kurzfr.	sprungfix mittelfr.	sprungfix langfr.	abs. fix
Material einlagern	lmi	Anzahl Behälter	2.000	2.255	12.500	0	6.250	0	1,13	6,25	0,00	3,13	0,00
Teilestammdaten pflegen	lmi	Anzahl Teile	25	145	0	0	0	598	5,80	0,00	0,00	0,00	23,91
Kostenstelle leiten	lmn	–	–	0	0	0	0	3.825					
Leerkosten				0	2.500	0	1.250	677					
Reihenfolgeplanung durchführen	lmi	Anzahl Arbeitsgänge	720	360	0	7.800	0	0	0,50	0,00	10,83	0,00	0,00
Arbeitsgangpläne pflegen	lmi	Anzahl Produkte	2	40	0	0	0	65	20,00	0,00	0,00	0,00	32,50
Kostenstelle leiten	lmn	–	–	0	0	0	0	4.680					
Leerkosten				0	0	2.600	0	455					
Ware kommissionieren	lmi	Anzahl Kundenaufträge	750	1.050	5.859	2.344	0	1.465	1,40	7,81	3,13	0,00	1,95
Ware versenden	lmi	Anzahl Kundenaufträge	750	2.450	3.906	1.563	0	977	3,27	5,21	2,08	0,00	1,30
Kostenstelle leiten	lmn	–	–	0	0	0	0	2.500					
Leerkosten				0	234	94	0	59					

Tabelle 22: Wünschenswerter Aufbau der Kalkulation von Produkt A im Beispiel

Produkt A	Gesamtkosten		Variable	Sprungfixe Logistikkosten			Absolut fixe
	Grenzkosten	Vollkosten	Logistikkosten	kurzfristig	mittelfristig	langfristig	Logistikkosten
Materialeinzelkosten	10,00	10,00					
Beschaffungslogistikgemeinkosten							
ausbringungsmengenabhängig	0,45	4,20	0,45	2,50	0,00	1,25	0,00
ausbringungsmengenunabh./lmi		0,15	0,03	0,00	0,00	0,00	0,12
ausbringungsmengenunabh./lmn		0,77					
Leerkosten		0,89					
Summe Materialkosten	10,45	16,00	0,48	2,50	0,00	1,25	0,12
Fertigungseinzelkosten	12,00	12,00					
Direkte Fertigungsgemeinkosten	3,10	22,00					
Produktionslogistikgemeinkosten							
ausbringungsmengenabhängig	0,06	1,36	0,06	0,00	1,30	0,00	0,00
ausbringungsmengenunabh./lmi		0,03	0,01	0,00	0,00	0,00	0,02
ausbringungsmengenunabh./lmn		0,78					
Leerkosten		0,51					
Summe Fertigungskosten	15,16	36,68	0,07	0,00	1,30	0,00	0,02
Herstellkosten	25,61	52,68	0,55	2,50	1,30	1,25	0,14
Distributionslogistikgemeinkosten							
ausbringungsmengenabhängig	0,58	3,27	0,58	1,63	0,65	0,00	0,41
ausbringungsmengenunabh./lmi		0,00					
ausbringungsmengenunabh./lmn		0,42					
Leerkosten		0,06					
Selbstkosten	**26,19**	**56,43**	**1,13**	**4,13**	**1,95**	**1,25**	**0,54**

Abbildung 15: Logistikgerechter Aufbau der Kalkulation

	Gesamtkosten		Davon Logistikkosten							
				Sprungfixe Logistikkosten						
	Grenzkosten	Vollkosten	Variable Logistikkosten	sofort abbaubar	kurzfristig abbaubar	mittelfristig abbaubar	langfristig abbaubar	Abbaubarkeit unbekannt	Absolut fixe Logistikkosten	Mischkosten
Materialeinzelkosten										
Beschaffungslogistikgemeinkosten										
ausbringungsmengenabhängig										
ausbringungsmengenunabh./lmi *										
ausbringungsmengenunabh./lmn *										
Leerkosten *										
Sonstige Materialgemeinkosten										
Summe Materialkosten										
Fertigungseinzelkosten										
Direkte Fertigungsgemeinkosten										
Produktionslogistikgemeinkosten										
ausbringungsmengenabhängig										
ausbringungsmengenunabh./lmi *										
ausbringungsmengenunabh./lmn *										
Leerkosten *										
Sondereinzelkosten der Fertigung										
Summe Fertigungskosten										
Herstellkosten										
Verwaltungsgemeinkosten										
Distributionslogistikgemeinkosten										
ausbringungsmengenabhängig										
ausbringungsmengenunabh./lmi *										
ausbringungsmengenunabh./lmn *										
Leerkosten *										
Sonstige Vertriebsgemeinkosten										
Sondereinzelkosten des Vertriebs										
Selbstkosten										

* nur in Vollkostenkalkulationen einzubeziehen

Der zweidimensionale Kalkulationsaufbau gemäß Tabelle 22 mit seiner spaltenweisen Differenzierung nach den unterschiedenen Kostenkategorien wurde (in angepaßter Form) aus dem Ansatz von Mayer übernommen. Im allgemeinen Fall ist das Kalkulationsschema in der Zeilenstruktur noch um die sonstigen Material- und Vertriebsgemeinkosten, die Verwaltungsgemeinkosten sowie die Sondereinzelkosten der Fertigung und des Vertriebs und in der Spaltenstruktur um die sofort abbaubaren und die in unbestimmter Zeit abbaubaren sprungfixen Logistikkosten zu ergänzen, sofern auf die Bildung dieser Kostenkategorien nicht (wie im Beispiel) aus Gründen der Komplexitätsreduktion verzichtet wurde. Für Kosten, die sich nicht eindeutig einer Kategorie zuordnen lassen, ist ggf. zusätzlich eine Spalte "Mischkosten" vorzusehen (vgl. Abbildung 15).

Die unterschiedlichen Kalkulationsergebnisse der einzelnen Ansätze sind insbesondere auf verschiedene Verrechnungsweisen der lmn-Kosten in den einzelnen Modellen sowie die Behandlung der Leerkosten zurückzuführen. Bei Weber kommt die geringere Anzahl an verwendeten Bezugsgrößen, bei Reichmann/Fröhling die abweichende Verteilung der erzeugnisgruppenfixen Gemeinkosten der Fertigungskostenstelle 3 (Division durch Gesamt-Ausbringungsmenge statt Verteilung über Maschinenstunden) und bei Dierkes die Nicht-Verrechnung der beschäftigungsunabhängigen Prozeßkosten sowie der fixen Kosten des direkten Leistungsbereichs auf die Produkteinheiten hinzu.

Die Tabelle 22 und Abbildung 15 zugrundeliegende Strukturierung der Logistikkosten macht die Zusammensetzung der produktbezogen verrechneten Logistikkosten transparent und erlaubt so die Bereitstellung differenzierter Informationen über die Auswirkungen produktpolitischer Entscheidungen auf die Logistikkosten in Abhängigkeit vom Entscheidungshorizont: Während die variablen Kosten der ausbringungsmengenabhängigen Logistikprozesse unmittelbar die stückbezogenen Veränderungen der Logistikkosten bei einer Ausweitung oder Reduzierung der Ausbringungsmengen angeben und damit stets zu den entscheidungsrelevanten Kosten zählen, sind die absolut fixen Kosten dieser Prozesse sowie die Kosten der ausbringungsmengenunabhängigen Logistikprozesse nur dann zu betrachten, wenn Vollkosteninformationen benötigt werden.

Die sprungfixen Logistikkosten geben die Veränderung der Logistikkosten pro Einheit der absatzbestimmten Produkte an, die bei einer "größeren" Variation der Produktmengen eintritt bzw. herbeigeführt werden kann. Um die Kostenwirkungen genauer zu quantifizieren, ist allerdings eine prozeß- und kostenstellenbezogene Analyse notwendig. Zunächst sind die durch die Ausbringungsmengenveränderung induzierten Prozeßmengenveränderungen der betroffenen (ausbringungsmengenabhängigen) Prozesse zu ermitteln, indem die veränderten Ausbringungsmengen mit den entsprechenden Prozeßkoeffizienten multipliziert werden und die Differenz zu den bisherigen Prozeßmengen ermittelt wird. Sofern bei losbezogenen Prozessen eine Anpassung der Losgrößen geplant ist, sind die Prozeßkoeffizienten entsprechend zu modifizieren. Anschließend können durch Multiplikation der Prozeßmengenveränderungen mit dem jeweiligen Kapazitätsbedarf pro Prozeßmengeneinheit die Veränderungen der Kapazitätsbedarfe je Ressourcenart berechnet werden. Zur Bestimmung der Kostenwirkungen der veränderten Kapazitätsbedarfe sind auch die (bislang) ungenutzten Kapazitäten zu berücksichtigen. Diese können entweder unmittelbar den Unterlagen zur Kostenplanung entnommen oder mittels Division der (geplanten) Leerkosten durch die Kosten pro Kapazitätseinheit, d.h. den Kapazitätskostensatz errechnet werden.

Um zu überprüfen, ob und in welchem Ausmaß die geplante oder zu erwartende Ausbringungsmengenveränderung kapazitäts- und kostenwirksam ist, sind schließlich die veränderten Kapazitätsbedarfe unter Berücksichtigung der Leerkapazitäten den Kapazitäten pro Ressourceneinheit, d.h. den Kapazitätsintervallen der sprungfixen Kostenfunktionen (vgl. Abbildung 16) gegenüberzustellen. Übersteigt bei einem geplanten oder zu erwartenden Beschäftigungsrückgang, d.h. einer Senkung der Ausbringungsmenge eines oder mehrerer Produkte, die Summe aus Kapazitätsbedarfsveränderung und Leerkapazität die Kapazität einer Ressourceneinheit, so können die überschüssigen Ressourceneinheiten und die damit verbundenen Kosten nach Ablauf der bei der jeweiligen Kostenart hinterlegten

Bindungsdauer abgebaut werden. Die Anzahl der abbaubaren Ressourceneinheiten ergibt sich nach der Formel (Kapazitätsbedarfsveränderung + Leerkapazität) / Kapazität pro Ressourceneinheit, wobei das Ergebnis bei unteilbaren Produktionsfaktoren wie Maschinen entsprechend abzurunden ist. Durch Multiplikation der Anzahl der abbaufähigen Ressourceneinheiten mit der Kapazität je Ressourceneinheit und dem Kapazitätskostensatz erhält man schließlich das Kostensenkungspotential bei dieser Ressource. Die gesamte mit der Ausbringungsmengenvariation verbundene Kostenwirkung errechnet sich durch Summierung aller ressourcenbezogenen Kostenwirkungen. Eine Beschäftigungszunahme, d.h. ein Anstieg der Ausbringungsmenge eines oder mehrerer Produkte ist genau dann kapazitäts- und kostenwirksam, wenn die Kapazitätsbedarfsveränderung die (bisherige) Leerkapazität übersteigt. Die Anzahl der zusätzlich benötigten Ressourceneinheiten ergibt sich dann als (Kapazitätsbedarfsveränderung – Leerkapazität) / Kapazität pro Ressourceneinheit, wobei das Ergebnis bei unteilbaren Produktionsfaktoren aufgerundet werden muß. Die zusätzlichen Kosten für die betrachtete Ressource sowie insgesamt lassen sich dann analog zum ersten Fall berechnen.

Abbildung 16: Sprungfixe Kostenfunktion einer Ressourcenart

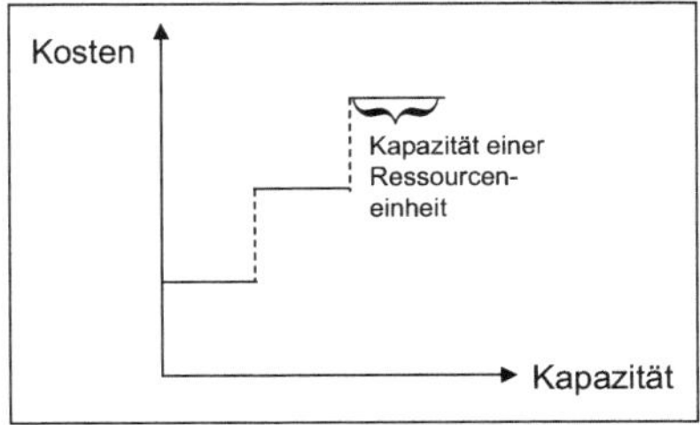

Die Tabellen 23 und 24 zeigen die Auswirkungen eines Ausbringungsmengenrückgangs bzw. -anstiegs auf die sprungfixen Kosten der (durch die Kostenstelle Fertigwarenlager repräsentierten) Distributionslogistik im Beispiel. Bei der Berechnung der Prozeßmengenveränderungen wurde dabei von (im Vergleich zur Ausgangssituation) unveränderten Prozeßkoeffizienten ausgegangen. Ferner wurde im Falle der Personalkosten der Einfachheit halber eine beliebige Teilbarkeit der Stellen unterstellt, die so in der Praxis in der Regel nicht gegeben ist. Den Berechnungen im Falle des Beschäftigungsanstiegs (Tabelle 24) liegt schließlich die Annahme zugrunde, daß die aufzubauenden Kapazitäten dasselbe Kostenverhalten in Bezug auf Höhe und Bindungsdauer zeigen wie die bereits vorhandenen Ressourcen, was jedoch nicht zwangsläufig der Fall sein muß. Die Bindungsdauer der Kosten bezieht sich dabei (wie bereits erläutert) auf die Zeitspanne, die nach erfolgter Kapazitätserweiterung wieder zum Abbau der damit verbundenen Kosten benötigt wird, falls die zusätzlichen Kapazitäten irgendwann nicht mehr benötigt werden.

Tabelle 23: Auswirkung eines Ausbringungsmengenrückgangs auf die sprungfixen Kosten der Distributionslogistik im Beispiel

Fertigwarenlager	**Produkt A**	**Produkt B**	**Summe**
Ausbringungsmengenrückgang	200	200	
Prozeßmengenrückgang			
Teilprozeß 3.1	25	50	75
Teilprozeß 3.2	25	50	75
Bindungsdauer Ressourcen/Kosten	**kurzfristig**	**mittelfristig**	**langfristig**
Kapazitätsbedarfsrückgang Personal			
Teilprozeß 3.1	1.125	0	0
Teilprozeß 3.2	750	0	0
Leerkapazität Personal (bisher)	450	0	0
Freie Personalkapazität gesamt	2.325	0	0
Kapazität pro Ressourceneinheit (VK)	9.600	0	0
Abbaubare Ressourceneinheiten (VK)	0,24	0,00	0,00
Kapazitätsbedarfsrückgang Anlagen			
Teilprozeß 3.1	0	1.125	0
Teilprozeß 3.2	0	750	0
Leerkapazität Anlagen (bisher)	0	450	0
Freie Anlagenkapazität gesamt	0	2.325	0
Kapazität pro Ressourceneinheit	0	9.600	0
Abbaubare Ressourceneinheiten	0	0	0
Abbaubare Personalkosten	1.211	0	0
Abbaubare Anlagenkosten	0	0	0
Abbaubare Fixkosten insgesamt	1.211	0	0

Tabelle 24: Auswirkung eines Ausbringungsmengenanstiegs auf die sprungfixen Kosten der Distributionslogistik im Beispiel

Fertigwarenlager	**Produkt A**	**Produkt B**	**Summe**
Ausbringungsmengenanstieg	200	200	
Prozeßmengenanstieg			
Teilprozeß 3.1	25	50	75
Teilprozeß 3.2	25	50	75
Bindungsdauer Ressourcen/Kosten	**kurzfristig**	**mittelfristig**	**langfristig**
Kapazitätsbedarfsanstieg Personal			
Teilprozeß 3.1	1.125	0	0
Teilprozeß 3.2	750	0	0
Leerkapazität Personal (bisher)	450	0	0
Zusätzlicher Kapazitätsbedarf Personal	1.425	0	0
Kapazität pro Ressourceneinheit (VK)	9.600	0	0
Zusätzlich benötigte Ressourceneinheiten (VK)	0,15	0,00	0,00
Kapazitätsbedarfsanstieg Anlagen			
Teilprozeß 3.1	0	1.125	0
Teilprozeß 3.2	0	750	0
Leerkapazität Anlagen (bisher)	0	450	0
Zusätzlicher Kapazitätsbedarf Anlagen	0	1.425	0
Kapazität pro Ressourceneinheit	0	9.600	0
Zusätzlich benötigte Ressourceneinheiten	0	1	0
Zusätzliche Personalkosten	742	0	0
Zusätzliche Anlagenkosten	0	2.000	0
Zusätzliche Fixkosten insgesamt	742	2.000	0

12 Fazit

Um die Kostenstrukturen logistischer Prozesse transparent zu machen und eine verursachungsgerechte Verrechnung der Logistikkosten auf die betrieblichen (End-) Kostenträger sicherzustellen, empfiehlt sich eine Erweiterung der (Grundform der) Prozeßkostenrechnung um eine geeignete Kostenspaltung. Genau an diesem Punkt setzen die Weiterentwicklungen der Prozeßkostenrechnung an. Aber wie die Analyse der in der Literatur vorzufindenden Ansätze ergeben hat, ist keiner davon in der Lage, den für die Logistik typischen Kostenstrukturen in vollem Umfang gerecht zu werden. Es konnte aber gezeigt werden, daß durch eine Kombination der verschiedenen Ansätze sehr wohl alle zuvor formulierten Anforderungen an eine logistikgerechte Kostenrechnung erfüllt werden können.

Im Mittelpunkt des vorgeschlagenen Kalkulationsschemas steht die Strukturierung der Logistikkosten nach ihrer Anpassungsfähigkeit an veränderte Ausbringungsmengen der Endprodukte. Dabei unterstützen die bereitgestellten Informationen primär Entscheidungen, die auf einen Abbau von Logistikkosten gerichtet sind. Die Gründe dafür können in einer allgemein rückläufigen Beschäftigungslage, aber auch in Überlegungen zum Outsourcing von Logistikleistungen liegen. Zur Unterstützung von Entscheidungen, die eine Ausweitung der Logistikleistungen und damit einen Aufbau von Kostenpotentialen zum Gegenstand haben, sind die diskutierten Kostenrechnungssysteme nur dann in der Lage, wenn die hinterlegten Informationen über den Verlauf (vgl. Abbildung 16) und die Bindungsdauer der sprungfixen (Logistik-) Kosten spiegelbildlich auch für den Kostenaufbau gelten. Das ist in der Praxis jedoch nur teilweise der Fall. Vielmehr werden zur Abschätzung der kostenmäßigen Auswirkungen von Leistungsausweitungen (zusätzliche) einzelfallbezogene Analysen notwendig sein; die laufende Kostenrechnung kann hier nur bedingt Hilfestellung leisten.

Im Hinblick auf den Güterfluß werden im vorgeschlagenen Kalkulationsschema Beschaffungs-, Produktions- und Distributionslogistikkosten unterschieden. Entsorgungslogistikkosten sind hingegen kein expliziter Bestandteil des Kalkulationsschemas, da sie keinem der klassischen Gemeinkostenbereiche (Material-, Fertigungs-, Verwaltungs- oder Vertriebsgemeinkosten) eindeutig zugeordnet werden können. Die Frage, wie die Kosten der Entsorgungslogistik dennoch in geeigneter Weise den Produkten zugeordnet und in der Kalkulation transparent gemacht werden können, signalisiert weiteren Forschungsbedarf.

Literaturverzeichnis

Baltzer, Björn; Zirkler, Bernd (2007): Time-driven Activity-based Costing, Saarbrücken 2007

Beinhauer, Manfred; Vikas, Kurt (1993): Gemeinkostencontrolling im System der Grenzplankostenrechnung, in: Kostenrechnungspraxis, 37. Jg. (1993), S. 79-89

Berens, Wolfgang (1997): Kosteneinflußgrößen, in: Bloech, Jürgen; Ihde, Gösta B. (Hrsg.): Vahlens großes Logistiklexikon, München 1997, S. 452-454

Cooper, Robin; Kaplan, Robert S. (1988): Measure Costs Right: Make the Right Decisions, in: Harvard Business Review, 66. Jg. (1988), Heft 5, S. 96-103

Cooper, Robin; Kaplan, Robert S. (1991): Activity-Based Costing: Ressourcenmanagement at its best, in: Harvard Manager, 13. Jg. (1991), Heft 4, S. 87-94

Dierkes, Stefan (1998): Planung und Kontrolle von Prozeßkosten, Wiesbaden 1998

Dierkes, Stefan (1999a): Differenziert-mehrstufige Fixkostendekkungsrechnungen, in: Zeitschrift für Planung, 10. Jg. (1999), Heft 4, S. 391-406

Dierkes, Stefan (1999b): Fallstudie zur Planung von Prozeßkosten, Diskussionsbeiträge zum Rechnungswesen der Wirtschafts- und Sozialwissenschaftlichen Fakultät der Universität zu Köln, Beitrag Nr. 9, Köln 1999

Fuchs, Frank (2005): Entwicklung eines Werkzeugs zur ressourcenorientierten Prozeßkostenrechnung für die Logistik, Dortmund 2005

Glaser, Katja (1998): Prozeßorientierte Deckungsbeitragsrechnung, München 1998

Göpfert, Ingrid (2013): Logistik Führungskonzeption, 3.A. München 2013

Haberstock, Lothar (2008): Kostenrechnung I, 13.A., Berlin 2008

Heina, Jürgen (1999): Variantenmanagement, Wiesbaden 1999

Herzog, Ernst (1991): Entscheidungsrelevante Kalkulationsmethoden unter Berücksichtigung neuer amerikanischer Erkenntnisse (CAM-I), in: Scheer, August-Wilhelm (Hrsg.): Rechnungswesen und EDV – 12. Saarbrücker Arbeitstagung 1991, Heidelberg 1991, S. 119-133

Herzog, Ernst (1993): Bezugsgrößenkalkulation mit Prozeßkosten, in: Kostenrechnungspraxis, 37. Jg. (1993), Sonderheft 2, S. 49-53

Herzog, Ernst; Assmann, Manfred (1993): Grenzplankostenrechnung als geschlossenes Planungs-, Abrechnungs- und Informationssystem für das Kosten- und Deckungsbeitragsmanagement, in: Kostenrechnungspraxis, 37. Jg. (1993), S. 9-16

Herzog, Ernst; Jurasek, Werner (1993): Vertriebscontrolling im System der Grenzplankostenrechnung, in: Kostenrechnungspraxis, 37. Jg. (1993), S. 288-293

Herzog, Ernst; Zehetner, Karl (1999): Prozeßorientiertes Controlling des Vertriebs, in: Kostenrechnungspraxis, 43. Jg. (1999), Heft 5, S. 288-293

Horváth, Péter; Mayer, Reinhold (1989): Prozeßkostenrechnung: Der neue Weg zu mehr Kostentransparenz und wirkungsvolleren Unternehmensstrategien, in: Controlling, 1. Jg. (1989), S. 214-219

Horváth, Péter; Mayer, Reinhold (1993): Prozeßkostenrechnung – Konzeption und Entwicklungen, in: Kostenrechnungspraxis, 37. Jg. (1993), Sonderheft 2, S. 15-28

Kaplan, Robert S.; Anderson, Steven R. (2005): Schneller und besser kalkulieren, in: Harvard Business Manager, 27. Jg. (2005), Heft 5, S. 86-98 (deutsche Übersetzung von Kaplan, Robert S.; Anderson, Steven R.: Time-Driven Activity-Based Costing, in: Harvard Business Review, 82. Jg. (2004), Heft 11, S. 131-138)

Kaplan, Robert S.; Anderson, Steven R. (2007): Time-Driven Activity-Based Costing, Boston 2007

Kaplan, Robert S.; Cooper, Robin (1999): Prozeßkostenrechnung als Managementinstrument, Frankfurt am Main/New York 1999 (deutsche Übersetzung von Kaplan, Robert S.; Cooper, Robin: Cost & Effect, Boston, Massachusetts 1998)

Kilger, Wolfgang; Pampel, Jochen; Vikas, Kurt (2012): Flexible Plankostenrechnung und Deckungsbeitragsrechnung, 13.A., Wiesbaden 2012

Kloock, Josef (1995): Prozeßkostenmanagement zur Sicherung von Erfolgspotentialen, in: Betriebswirtschaftliche Forschung und Praxis, 47. Jg. (1995), S. 582-608

Kloock, Josef; Dierkes, Stefan (1996): Kostenkontrolle mit der Prozeßkostenrechnung, in: Berkau, Carsten; Hirschmann, Petra (Hrsg.): Kostenorientiertes Geschäftsprozeßmanagement, München 1996, S. 93-119

Kotzab, Herbert; Teller Christoph (2002): Cost Efficiency in Supply Chains – A Conceptual Discrepancy? Logistics Cost Management between Desire and Reality, in: Seuring, Stefan; Goldbach, Maria (Hrsg.) Cost Management in Supply Chains, Heidelberg 2002, S. 233-250

Krüger, Rolf (2002): Global Supply Chain Management: Extending Logistics' Total Cost Perspective to Configure Global Supply Chains, in: Seuring, Stefan; Goldbach, Maria (Hrsg.) Cost Management in Supply Chains, Heidelberg 2002, S. 309-324

Kuhn, Axel; Manthey, Christoph (1996): Kosten- und Leistungstransparenz durch die ressourcenorientierte Prozeßkettenanalyse, in: Kostenrechnungspraxis, 40. Jg. (1996), S. 129-138

Küpper, Hans-Ulrich; Hoffmann, Heinz (1988): Ansätze und Entwicklungstendenzen des Logistikcontrolling in Unternehmen der Bundesrepublik Deutschland, in: Die Betriebswirtschaft, 48. Jg. (1988), S. 587-601

Lorenzen, Klaus-Dieter (1998): Logistik-Kostenrechnung, Gernsbach 1998

Luhn, Matthias (2002): Flexible Prozeßrechnung für ein Geschäftsprozeßmanagement, Lohmar/Köln 2002

Männel, Wolfgang; Müller, Heinrich (Hrsg.): Modernes Kostenmanagement, Wiesbaden 1995

Mayer, Reinhold (1998): Kapazitätskostenrechnung, München 1998

Mayer, Reinhold; Kaufmann, Lutz (2000): Prozeßkostenrechnung II – Einordnung, Aufbau, Anwendungen, in: Fischer, Thomas M. (Hrsg.): Kosten-Controlling, Stuttgart 2000, S. 291-322

Müller, Heinrich (1993): Prozeßkonforme Grenzplankostenrechnung, in: Kostenrechnungspraxis, 37. Jg. (1993), S. 133-135

Müller, Heinrich (1994): Prozeßkonforme Grenzplankostenrechnung als Plattform neuerer Anwendungsentwicklungen, in: Kostenrechnungspraxis, 38. Jg. (1994), S. 112-119

Müller, Heinrich (1996): Prozeßkonforme Grenzplankostenrechnung, 2.A., Wiesbaden 1996

Oecking, Georg (1994): Strategisches und operatives Fixkostenmanagement, München 1994

Pfohl, Hans-Christian (2010): Logistiksysteme, 8.A., Berlin/Heidelberg 2010

Raps, Alfons; Nuppeney, Werner (1993): Produktkosten-Controlling im System der Grenzplankostenrechnung, in: Kostenrechnungspraxis, 37. Jg. (1993), S. 145-155

Raps, Alfons; Reinhardt, Dieter (1993): Projekt-Controlling im System der Grenzplankostenrechnung, in: Kostenrechnungspraxis, 37. Jg. (1993), S. 223-232

Reichmann, Thomas (1993): Zuschlagskalkulation, in: Chmielewicz, Klaus; Schweitzer, Marcell (Hrsg.): Handwörterbuch des Rechnungswesens, 3.A., Stuttgart 1993, Sp. 2262-2272

Reichmann, Thomas (2011): Controlling mit Kennzahlen und Management-Tools, 8.A., München 2011

Reichmann, Thomas; Fröhling, Oliver (1993): Integration von Prozeßkostenrechnung und Fixkostenmanagement, in: Kostenrechnungspraxis, 37. Jg. (1993), Sonderheft 2, S. 63-73

Reichmann, Thomas; Fröhling, Oliver (1998): Integration von Prozeßkostenrechnung und Fixkostenmanagement, in: Reichmann, Thomas; Palloks, Monika (Hrsg.): Kostenmanagement und Controlling, Frankfurt am Main u.a. 1998, S. 59-86

Reichmann, Thomas; Scholl, Hermann Josef (1984): Kosten- und Erfolgscontrolling auf der Basis von Umsatzplänen, in: Die Betriebswirtschaft, 44. Jg. (1984), S. 427-437

Reichmann, Thomas; Schwellnuß, Axel G.; Fröhling, Oliver (1990): Fixkostenmanagementorientierte Plankostenrechnung, in: Controlling, 2. Jg. (1990), S. 60-67

Rogalski, Marlies (1996): Prozeßkostenrechnung im Rahmen der Einzelkosten- und Deckungsbeitragsrechnung, in: Kostenrechnungspraxis, 40. Jg. (1996), Heft 2, S. 91-97

Sahl, Niels (1994): Integration der Prozeßkostenrechnung in die Planungs- und Abrechnungssystematik der Grenzplankostenrechnung, in: Kostenrechnungspraxis, 38. Jg. (1994), Sonderheft 1, S. 41-49

Schellhaas, Karl-Ulrich; Beinhauer, Manfred (1992): Entscheidungsrelevanz in der Prozeßkostenrechnung, in: Kostenrechnungspraxis, 36. Jg. (1992), Heft 6, S. 301-309

Scholl, Hermann Josef (1981): Fixkostenorientierte Plankostenrechnung, Würzburg/Wien 1981

Schuh, Günther (1989): Gestaltung und Bewertung von Produktvarianten, Düsseldorf 1989

Schweitzer, Marcell; Friedl, Birgit (1994): Aussagefähigkeit von Kostenrechnungssystemen für das programmorientierte Kostenmanagement, in: Seicht, Gerhard (Hrsg.): Jahrbuch für Rechnungswesen und Controlling '94, Wien 1994, S. 65-100

Schweitzer, Marcell; Küpper, Hans-Ulrich (2011): Systeme der Kosten- und Erlösrechnung, 10.A., München 2011

Seeger, Rainer (1996): Prozeßkostenrechnung: Überlegungen zur Umsetzung in einer bestehenden Kosten-/Leistungsrechnung, in: Kostenrechnungspraxis, 40. Jg. (1996), Heft 2, S. 103-109

Seicht, Gerhard (1963): Die stufenweise Grenzkostenrechnung, in: Zeitschrift für Betriebswirtschaft, 33. Jg. (1963), Heft 12, S. 693-709, nachgedruckt in: Kostenrechnungspraxis, 9. Jg. (1965), Heft 5, S. 205-211 (Teil I) und Heft 6, S. 257-264 (Teil II)

Seicht, Gerhard (1988): Die Entwicklung der Grenzplankosten- und Deckungsbeitragsrechnung, in: Scheer, August-Wilhelm (Hrsg.): Grenzplankostenrechnung: Stand und aktuelle Probleme, Wiesbaden 1988, S. 31-51

Siepermann, Christoph (2005): Fallstudie zur Logistikkostenrechnung: Darstellung und vergleichende Analyse verschiedener Verfahren, in: Günther, Hans-Otto; Mattfeld, Dirk C.; Suhl, Leena (Hrsg.): Supply Chain Management und Logistik, Heidelberg 2005, S. 291-316

Tanner, Hans Rudolf (1995): Konzeption eines ressourcenorientierten Prozeßkostenrechnungssystems, Sulgen 1995

Vahrenkamp, Richard; Kotzab, Herbert (2012): Logistik – Management und Strategien, 7.A., München 2012

Vikas, Kurt (1988): Controlling im Dienstleistungsbereich mit Grenzplankostenrechnung, Wiesbaden 1988

Vikas, Kurt; Schmadlak, Wolfgang (1993): Controllingorientierte Planungssysteme für die integrierte Unternehmensplanung, in: Kostenrechnungspraxis, 37. Jg. (1993), S. 355-362

Weber, Jürgen (1987): Logistikkostenrechnung, Berlin/Heidelberg/New York 1987

Weber, Jürgen (1995a): Logistik-Controlling, 4.A., Stuttgart 1995

Weber, Jürgen (1995b): Logistikkostenrechnung, in: Reichmann, Thomas (Hrsg.): Handbuch Kosten- und Erfolgs-Controlling, München 1995, S. 167-184

Weber, Jürgen (2012): Logistikkostenrechnung, 3.A., Berlin/Heidelberg 2012

Wildemann, Horst (2004): Der Wertbeitrag der Logistik, in: Logistik Management, 6. Jg. (2004), Heft 3, S. 67-75

Witt, Frank-Jürgen (1994): Prozeßgrundrechnung als Datenbasis für das Prozeßcontrolling, in: Kostenrechnungspraxis, 38. Jg. (1994), Sonderheft 1, S. 8-11